Splendid Landscapes by Imaginative Designs

【第二部】

北京创新景观园林设计公司　著
Beijing Top-Sense Landscape Design Co., Ltd

创新景观园林
成立二十周年优秀作品集
Creative Landscape Architecture
Commemorating the 20th Anniversary of the Establishment

中国建筑工业出版社
China Architecture & Building Press

图书在版编目（CIP）数据

创新景观园林成立二十周年优秀作品集／北京创新景观园林设计公司著.—北京：中国建筑工业出版社，2013.10
（梦笔生花　第二部）
ISBN 978-7-112-15851-5

Ⅰ.①创…　Ⅱ.①北…　Ⅲ.①园林设计—作品集—中国—现代
Ⅳ.①TU986.2

中国版本图书馆CIP数据核字（2013）第219468号

责任编辑：杜　洁
责任校对：刘梦然　党　蕾

梦笔生花
第二部　创新景观园林成立二十周年优秀作品集
北京创新景观园林设计公司　著
*
中国建筑工业出版社出版、发行（北京西郊百万庄）
各地新华书店、建筑书店经销
北京雅昌彩色印刷有限公司制版、印刷
*
开本：787×1092毫米　1/12　印张：26⅔　字数：770千字
2014年1月第一版　2014年1月第一次印刷
定价：199.00元
ISBN 978-7-112-15851-5
(24609)

北京創新
景觀園林
設計公司

创新举园林，力悟展宏图

北京创新景观园林设计公司成立20周年，他们决定以出版系列丛书的形式纪念、庆祝和总结公司的不凡业绩。同时，他们还抓住时机，研讨在国家经济与社会发展大背景下如何走好今后的路，继续占据专业的制高点。我认为这是一个学者型规划设计企业的远见之举。他们邀请我为此写序，我欣然命笔，因为这是件很有意义的事情。

作为创新景观公司的掌门人檀馨女士，在北京、在全国园林界都是赫赫有名的设计大师。檀馨是我的学姐，高我四届。她一辈子从事城市园林规划设计，总是能在同一时代的设计项目中引领潮流，是业内最勤奋的女强人。我在早年的设计作品也常常向她请教，每次印象总觉得她老有新点子，作品中总有闪光的东西。当然檀馨的贡献不仅在于她笔下呈现一个个佳作，更重要的是她还能慧眼独具，发现并培养了一大批优秀的中青年设计师。

从一个人壮大成一个十分有实力的团队。20年来她在设计创新和培养人才两个方面的成果，足可以谱写一首辉煌的乐曲。创新景观可圈可点的优势，确实需要精心地加以总结，这里我只能简单从几个方面谈谈自己的认识。

首先是关于创新，二十年前公司冠名“创新景观”就亮出了这个团队的远见和宗旨。当时，设计界在讨论如何在继承发扬传统的基础上，以创新来适应社会的诸多变革。传统与现代，文脉与时尚，如何融合（有时也需要剥离）是个世界性的课题。纯传统与现代生活相距甚远，封闭的布局也不适应新的生活方式。但是传统园林中天人合一、师法自然、诗意表达的理念，以及巧于因借、循序渐进的空间序列，还有小中见大、委婉含蓄的手法等等。这些优秀的传统理念却还在现时规划设计的实践中闪烁着无限的生命力和巨大的启示意义。把这些优秀传统的理念和技法立足本土、博采众长、把握时势并与时俱进地将自然与宜居环境融为一体，在总体上形成传统与现代设计意识的互补。“创新景观”在寻求这些尝试中创作了一批具有时代意义的优秀作品，如皇城根遗址公园、菖蒲河公园、元大都城垣遗址公园、地坛园外园、中关村广场、通惠河庆丰公园等。这些植根于本土和传统理念的作品成为一个时代的标志，得到社会的认同，体现了创新景观园林人的社会责任和驾驭成果的智慧，一时间成为全国学习的样板。

当然，传统也要发展，新时代的这些创新成果，在大浪淘沙中又为我们留下并形成新的“遗产”，在时代长河中永驻青春。

毕竟时代在前进，经济一体化、政治多元化的时代特征渗透在包括城市园林在内的所有领域。城市园林不但需要继承文脉，也需要面对国际化，一个多元园林创作趋势将不可避免。时代感可能带来走向国际趋向的一面，文脉又让我们不时从民族、地域中寻找文化新亮点。这两者在高层面上的对接，这可能是新世纪园林文化的趋势和众生相。创新景观的实践本身就证明了这一点。

有一天，我在“两会”上遇到一位很有影响力的画家。他见到我很激动地讲道：“这几年你们园林界进步太大了，东二环路的绿化带，那广厦下的绿荫与公共艺术融合达到了国际化的水平。这里既有传统、又有现代精神，是园林与公共艺术联手创造的划时代意义的新高度，东二环的环境已经成为时代的范例。”

我听到这些反响后，对创新公司一帮年轻人的创新实践感到由衷的钦佩。而传统启示下的现代优秀成果将成为时代的印迹。让现代人共享，这美丽的一页已经翻转过来。

太多的夸奖创新景观，已经没有多大的意义了，但无论如何创新的实践从一个角度折射出我们这个时代的真实状态。应该认真总结，并努力让设计走向更加成熟的彼岸。为此，也寄予创新景观更多的厚望和期待。

下面想说说园林规划设计行业的社会责任和新观念。

奥运会的成功让我们园林人得到社会的进一步认同，而“后奥运”时代给予北京更大的发展际遇。一个城乡统筹、城乡一体新版的绿地系统从市区推向市场，进而推向环渤海城市群。新城建设的前提首先是生态优先，以人为本和物种多样性。城市园林的生态、休憩、景观、文化和避险五大功能的彰显，给我们带来设计发展的更大领域和空间。郊野公园、万亩滨河森林公园、平原造林等一系列的城郊园林绿化任务接踵而来。以大尺度开放空间为特征的新型园林，正在全国风行。除了上述京郊的变化还包括近几年不少城市在新城规划中以行政中心为轴线的大面积公共绿地和大尺度水面等等。

我们能把握和驾驭新形势下大尺度的开放空间为特征的公共园林新领域吗？最初的困惑，找不到依据和可参照的模式，曾使我们一度陷入迷茫。有人讲郊野公园就是一片树林越野越好，不加修饰。也有的把过去城市尺度下的园林惯性思维照搬到尺度大于原有十几倍几十倍的新的开放园林中来。

几年的实践回过头看看这些大尺度开放园林的状态，可以基本认定，通州大运河森林公园的实践是十一个万亩森林公园的排头兵。它基本形成了大尺度公共园林的方向和模式，在驾驭这一领域的新思维中，创新景观又走在了前头。不信，你周末去通州看看，那些来这里度假的年轻人，包括老人，大都是从市区来享受的群体，当然当地老百姓更多。为什么呢？因为吸引人。在这些有一定设施和服务的临水绿荫中找到了享受安静且管理有致的大自然。让压力巨大的社会人找到了他们喜欢停下来的绿荫和滨野。因此用那么大的投资建成的管理良好的郊野绿地成为城市人的首选。创新景观成功地把握到这些大尺度公共绿地的脉络和风格，这是一种重大的社会责任。

20 年的成长，对一个人来讲从“襁褓”长成了一个俊男靓女，20 年的成长让一家有志向、有追求的园林规划设计公司走向成熟。面向专业和责任，面向市场，面向设计国际化趋势的成熟。

在这里我还要提到一个人——我在工作中结识的创新景观总经理李战修先生，他是个基本功扎实，思维敏锐，然而又为人低调的年轻人，这些素质是设计界的人才优势。实际上创新景观已经成长了一批很有成就的新锐。我为他们的专业功底和为人品格感到骄傲。创新举园林，力悟展宏图。我希望更多的人关注创新景观园林现象，去迎接首都园林规划设计的大发展、新高度。

刘秀晨

（国务院参士、原北京市园林局副局长）

2013 年 8 月

不断创新　再造辉煌

首先，祝贺创新景观园林设计公司成立二十周年。

创新公司的这二十年，是成功的二十年。说他成功，除了社会进步、城市发展的推动作用，还要归功于“创新”两个字。

创新公司在成立之初，就不断探索用新的手段实现和展现新的内容和形式。这种探索也推动了整个行业的发展，取得了极好的效果。虽然个别方面，尽管到现在，在大家的口中还可能是众说纷纭的，但是这种探索的精神，应当为我们大家所赞叹。创新公司的“创新”，我体会主要是表现在两个方面。

一是设计观念的创新。随着社会的进步、经济的发展，人们在享受公园优美景观的同时，对公园的使用需求不同了，审美情趣也发生着变化。特别是在改革开放以后，这种变化越来越快。在这个变化中，创新公司诞生了，随着他的诞生，自然而然就考虑在新的园林建设中如何满足老百姓不断变化的需求。为了这种需求，就要求设计人员不断研究新的问题，不断创新。

二是设计形式的创新。创新的内容需要有创新的工作方式来完成。创新公司集合了一大批相关的人员，在风景园林师的主导下，有规划、雕塑、工艺美术、文物保护和研究，以及其他众多的相关自然科学方面的技术人员，如水务、林业、动植物等方面。由此，才能将风景园林中众多内容，有机地结合在一起，并展现出来。

以上二者皆是相互依托相互支撑的，没有需求，就没有内容的创新，没有内容的创新也不可能带来形式上的创新。但是没有形式上的创新，就不可能达到内容的创新。

通过多少年来与创新公司在工作上的接触，也使我像与其他设计师接触一样，学到不少东西。可以说作为与风景园林设计打了一辈子交道的人来说，我也算半个设计师了，在此，也借庆贺创新公司的机会，对我们年轻的风景园林设计师提出一点想法，供大家讨论。

一是要充分认识风景园林的本质。

一个公园从规划、设计、施工完成，期间有许多人为此操劳着，但最终目的是什么？是为人服务，是满足人在其中的各种合理需求，既包括人们个体的休息、健身、学习、社会交往、游乐、观景赏景等等，也包括由人组成的城市对绿地发挥生态效益的需要。但是每个人实现这些需求的方式却是多种多样的，每块绿地由城市规划和绿地系统规划赋予的生态内容是不同的。实现以上的需求，公园绿地只是一个平台，我们需要做的就是让人们在实现这些需求的过程，是处在景观优美的环境中，处在深厚的文化氛围中，处在良好的空气中。这就需要我们的设计师准确把握，就是科学的功能布局，就是合理的道路场地的设置，就是丰富活动内容安排等等。

二是要潜下心来，认真研究问题。

随着社会的进步，人们精神和物质生活水平的提高，对公园绿地的需求在逐渐增加和改变。城市的不断发展，城市功能的复杂程度越来越高，展现在我们面前的新问题也越来越多，这些都需要我们去解决。在目前的市场条件下，制度日趋完善，竞争日益激烈，我们的设计单位、设计师们要根据自身的优势，发挥各自的特长，要在风景园林设计的不同方面和领域中占有一席之地，也就是说每个人都要有“一招鲜”。每个人都做到了，那么从行业总体上说，就形成了“招招鲜”。这样不论对于设计师个人来说，还是对于整个行业的发展，都是有益的。这就要求我们不但要讲求量，更要注重质。每年从大量的设计任务中，筛选出一至两项在资金、场地条件、甲方、施工单位等方面有特点的项目，总结经验和教训，从实践到理论，再回到实践，以此达到逐步提高。

在此，祝愿创新公司不断发展壮大，再造辉煌。

（北京市园林绿化局规划发展处副处长）

2013 年 8 月

创新，向着中国现代园林

——创新景观园林设计公司 20 周年

今年是檀馨教授创立的北京创新景观园林设计公司 20 年华诞。回顾创新公司走过的 20 年历程，正如公司的名称，是持续创新的 20 年，公司前进的每一步伐都是以创新的精神引领，公司每个成功的设计都蕴含着创新的智慧。

据百度百科，“创新是以新思维、新发明和新描述为特征的一种概念化过程。”“创新是人类特有的认识能力和实践能力，是人类主观能动性的高级表现形式，是推动民族进步和社会发展的不竭动力。”

“创新的本质是突破，即突破旧的思维定式，旧的常规戒律。创新活动的核心是‘新’。”创新的内容包括：理论创新、制度创新、科技创新、文化创新及其他创新。

一、园林行业需要创新

党的十八大召开之后，住房和城乡建设部于 2012 年 11 月发布的《住房城乡建设部关于促进城市园林绿化事业健康发展的指导意见》中指出：“城市园林绿化是唯一有生命的城市基础设施”，“城市园林绿化作为为城市居民提供公共服务的社会公益事业和民生工程，承担着生态环保、休闲游憩、景观营造、文化传承、科普教育、防灾避险等多种功能，是实现全面建成小康社会宏伟目标、促进两型社会建设的重要载体。”在新中国成立之后，我们对园林绿化行业的认识经历了从最初的绿化到“美化市容”，再到成为城市基础设施之一，进而到“作为生态文明建设和改善人民群众生活质量的重要内容”，直到最近又成为建设美丽中国的主力军的历程，使园林绿化成为越来越耀眼的朝阳行业。同时，2011 年教育部公布的学科目录中风景园林上升为一级学科，全国有逾百所高校都设置了园林或相关专业，园林绿化事业进入了蓬勃发展的新时期。

园林绿化行业地位和作用的变化，使其从过去常常附属于建筑的地位转而成为城市建设的主角之一，继而又登上生态文明建设及经济文明建设的更宽广的舞台。

园林绿化行业作为城市基础设施，不仅地位提高了，而且其内涵深化了，表现在功能的扩展、文化的包容等；外延宽泛了，表现在行业领域大大拓宽并需要更多的学科配合等。

随着对园林绿化认识的不断深化，园林绿化行业的地位越来越高，作用越来越重要，在不同的发展时期对它的功能作用也会提出新的不同的需求，为了满足这种发展的需求，必然会要求园林绿化行业大创新，以促进园林绿化行业大发展。处于龙头地位的设计行业理所当然在创新中首当其冲。

面对新功能、新领域，园林绿化行业必须在观念、体制、管理、科技等方面进行创新，以适应行业发展的要求。对于园林设计行业来说，观念的创新和技术的创新尤为重要。

1. 设计观念的创新

园林绿化行业是第三产业，并且已经从简单的劳动密集型产业发展为不仅劳动密集，而且具有技术密集型和知识密集型特征的产业。园林绿化产业不仅形成了自身的产业链，它的发展还带动了旅游、休闲服务业等相关产业的发展。

园林绿化行业作为城市基础设施是服务全社会，为广大公众服务，园林必须走出小圈子，面向城市，面向大众。

园林绿化是城市基础设施，服务于不同的城市功能区，其在城市小环境的生态建设及景观营造中发挥的特殊作用日益重要。

鉴于此，面临国家生态文明建设和城市化大发展的形势，对于行业自身如何发展，需要有新认识、新观念。

2. 设计技术的创新

在园林景观设计领域，对于每一个项目的设计并没有标准化的模式可循，更多的是依赖设计师的天赋和灵感，结合设计师对项目所在地域、地貌和文脉的理解、分析，运用设计师的基础知识和综合能力，通过立意、整体布局等手段，完成具有创新内容的设计，这些过程都充分体现了知识密集型产业的特点。设计工作的关键主要体现在知识、理念和技术，所以，对于园林景观设计公司来说，创新首要的是知识的创新和技术的创新。

二、创新公司的创新实践

创新公司成立之时正值我国大力推进改革开放的重要时期，也是各行各业创新活动集中爆发的时期。作为城市基础设施的园林事业也是如此，数以万计的园林设计工作者的创新力被极大地激发出来，与城市基础设施地位相适应的园林绿化新功能、新类型、新内容、新形式相继涌现，在城市化快速发展下催生的城市开放空间系统，伴随城市扩张过程出现的郊野公园（环），为缓解大气污染、改善城市环境质量而采取的大规模平原造林以及针对各类待恢复地块的生态保护和修复等，都成了园林创新的新领域。

在众多的园林景观设计队伍中，创新公司堪称是佼佼者。公司的设计作品继承传统，又超越传统；源于生活，又高于生活；吸纳国外文化，又注入中国审美观念……成就了中国风格的现代园林。

创新公司所走的路，归根到底就是要探索一条在当前历史阶段具有中国特色的现代园林之路，最终就是要促进园林事业的发展。因此，在公司的设计活动中始终坚持创新的理念，继承传统园林的思想精髓，展示作品深厚的文化内涵；坚持以中国的审美标准，表现东方文化的特质；坚持吸收国外的先进文化，容融现代文化的精神。简言之就是植根传统，引发当代，既符合传统审美，又具有现代功能，二者高度统一的中国现代园林。开放、传承、创新、适用，这就是创新公司的设计创作观，是以创新思想为核心的设计创作观。

创新公司的创新之举概括为：

1. 创新的内涵

通过不断的探索和实践，走出一条中国风格的现代园林之路。

2. 创新的方法

针对每一个项目都认真调查研究、提出问题、创新解决；根据行业和学科发展的规律，采取小步快走的策略。

3. 创新的内容

（1）观念创新——前瞻性

1）成立民营设计公司

从 20 世纪 90 年代开始，民营园林绿化企业逐渐兴起，但多数都是施工企业。在历史上只有国有事业单位才具备从事园林设计的条件，檀馨教授从事业设计单位走出来，成立民营的景观园林设计有限责任公司，到市场的大潮中去冲浪，无疑需要勇气，更需要创新精神。

2）使用“景观”名称

公司的名称中使用了“景观”这个具有前瞻性的词，恰恰是檀馨教授敏锐地捕捉到了园林事业地位和职能的变化，顺应了行业发展的潮流，反映了社会发展新阶段对园林事业的新要求，充满创新精神。

3）勇于到市场中冲浪

创新需要智慧和勇气，也需要耐心和毅力。在创新公司成长的过程中也经历了市场的风风雨雨，但是对时代精神的追求使他们既善于发扬传统园林之精华，又敢于培育现代景观之萌芽，坚持创新理念，完善创新手段，做出大量创新精品，终于得到社会和市场的认可。

4）正确处理社会效益和经济效益

公司在经营理念上始终把社会效益放在首位，坚持优先承接政府项目，而不一味追求经济效益。

（2）管理创新——基础性

公司成立之初，当时社会上民营的设计公司甚少，可以借鉴的经验几乎没有。公司针对设计行业的特点，大胆创新管理，探索出适应设计行业需要的管理办法。

1）文化引领

公司重视企业文化建设，通过关心职工生活，举办文体活动，组织职工参加学会和协会的交流活动等，夯实创新的思想基础，凝聚公司员工的创新智慧和力量。

2）学习为本

公司根据设计行业的特点，努力打造学习型企业。具体措施采取了请进来培训（请国内外业界专家讲课做学术报告，进行技术培训）、走出去培训（安排职工到国内外学习考察，参观世博会、花博会等）、理论研讨（组织职工参加业务主管部门和学会、协会组织的理论培训、研讨）、现场实践（安排青年职工到施工工地现场，通过实践检验自己的设计作品，向实践学习）等培训方法。

3）组织保证

按照现代企业制度的要求，建设现代企业管理模式。

4）奖励机制

公司每年都有项目获得政府和设计行业主管部门颁发的奖项，公司内部也设立了创新奖，奖励在创新设计方面有建树的职工。

（3）技术创新——持续性

技术创新是一个公司能够持续发展的基础。

对于每一个项目，公司都要求设计师针对项目不同的立地环境条件、不同的功能要求而采取不同的设计手法，不拘泥于中西古今的某种风格，而是项目应该是什么风格就采用什么风格，这种开放的、包容的、量体裁衣式的设计方法本身就是一种创新。正是坚持了创新，公司不同时期的作品都能反映出时代的精神和特征。

设计的主要创新点：

1）提出待整合地的概念

公司针对当前有些地区的土地由于分属于不同的产权单位，不能统一规划、有效利用的情况，提出要超越权属的分割，统一规划利用，得到当地政府的支持。公司在进行这一类项目的技术总结时，提出了待整合地的概念，为今后这类土地的利用提出了理论依据。

待整合地指的是一定区域内的各种不同土地类型、不同权属的土地，由于管理分割或其他原因，处于闲置、利用不合理或利用不充分的状态，土地潜在的价值不能很好地发挥，需要进行重新整合利用，实现生态、景观、文化、休憩等综合功能，从而达到土地利用的最优化。

整合则是以生态文明建设为目的，以可持续发展为原则，以园林景观为主导，统筹规划，在政府有关部门的统一领导下，充分考虑土地使用的兼容性，对其进行重新整合利用，使地块整合、功能复合、效应综合。这是一种新型的土地利用方式，是建设生态文明、提升土地综合价值的一种新尝试和突破。在通州大运河滨河公园的建设中这种方式取得了很好的效果。在此前的金融街、皇城根遗址公园、菖蒲河公园、西海子公园等建设中则更早地进行了运用。

2）开放的园林设计思维

广义的城市开放空间是指城市中完全或基本没有人工构筑物覆盖的地面和水域，狭义是指城市公共绿地。

一般来讲城市开放空间指的是供居民日常生活和社会公共使用的室外空间，包括街道、广场、居住区户外场地、公共绿地及公园等。

从19世纪开放空间的概念被提出以来，首先在城市规划界引起重视。现在，城市开放空间已成为多学科交叉的研究热点，其规划设计也需要多学科的参与协作。

面对开放的园林，园林绿化行业所面临的已不是原来的传统园林，公司很快就适应了城市建设对生态、景观等方面的新要求，而且吸收了建筑、规划、雕塑等专业的专家参与设计，在“城市客厅”的金融街景观建设，在“城市后院”的郊野公园建设，在“城市项链”的二环路城市公园建设等面向城市景观空间的各种类型的项目中都取得了耀眼的成绩。

3）具有特色的生态保护建设

十八大提出五位一体建设总布局，纳入了生态文明建设，就是要树立尊重自然、顺应自然、保护自然的生态文明理念，加大自然生态系统和环境保护力度，从源头扭转生态环境恶化趋势，为人民创造良好生产生活环境，努力建设美丽中国。

在“五位一体”的布局中，园林绿化行业不但是生态文明建设的主体之一，而且还有机地融入经济建设、政治建设、文化建设、社会建设各方面和全过程，其综合的效益和作用越来越凸显。

公司在看似平凡的生态保护建设项目中迎难而上，在平凡中找突破，尽管都是种树，但却种出了特色。在同属于通州区的漷县、台湖等地的平原造林任务中创新出了“一乡一特色”的设计成果。

4）文化主题的创造和文脉的传承

园林景观规划设计的主题构思与文化建设是园林设计的灵魂。在古今中外园林景观规划设计中，各类主题与文化已经表现得淋漓尽致，并且已经超越了一般的视觉效应的范畴，更大化地成为精神建设。园林设计的主题与文化也常常是表现作品独特个性的重要因素。

公司在人定湖、南馆、国际企业文化园等建设中，都把地域文化看作是园林景观设计的重要创作源泉，通过园林景观设计又为地域文化的发展提供了良好的载体。特别是在皇城根、菖蒲河、圆明园、元大都城垣遗址等遗址公园的建设中尊重遗址，按照文化遗产的保护要求考古先行、挖掘文化，在保护文化的原则下着重于生态环境的修复，并适度开放。

5）以人为本的人居环境设计

在我国，明确提出“人居环境”一词的时间并不长，大约仅有十余年时间，现在它的内涵仍在随着社会的发展而不断地深化和拓展。

在早期的居住区规划设计中，人居环境的景观设计往往被看成是建筑设计的附属。在现代住宅小区的环境建设中，园林景观已成为不可替代的重要组成部分。“绿色人居环境”是人们对人居环境的追求和渴望，“生态”和“人本”的原则也就成了住宅小区设计遵循的基本原则。

公司借鉴公园设计理论，采用传统手法，在紫御府、观唐中式别墅区等居住区小空间创造出良好的生态环境，成为满足人们娱乐和社会活动的优美家园。

6）墓园设计

公司设计的天寿陵园、华侨陵园等采取园林的设计理念一举改变陵园设计的旧观念，成为园林式陵园的典范。

创新是立足现在的基石，是通向未来的桥梁。园林创新是现代园林之本，是园林传承与发展的必然。园林创新的目的是探索实现中国现代园林的道路，创新成果的检验标准就是人民接受、社会承认。创新是一个动态的过程，园林工作者创造有中国特色的开放、包容、创新、适用的现代园林的努力永无止境。

在檀馨教授创建的北京创新景观园林设计公司成立20周年之际，我们高兴地分享公司的创新成果，祝愿创新公司在创新的道路上取得更大成绩，成为中国现代园林的引领者。

2013年4月6日

贺创新公司 20 周年华诞

20 年前以“创新”为名称的景观园林设计公司成立了，20 年后以“创新”为精髓的“北京精神”诞生。正如“北京精神”含义的解释：“创新是民族进步之魂，是城市活力之源。”创新公司成立之初就确定了以“创新”作为公司的经营理念并以此作为公司设计思想的核心。因为他们知道：创新是社会进步的动力，也是一个公司生命力的源泉，更是一个作品的价值体现。

谈到创新就不能不提继承。如何继承传统，怎样认识现代，是所有设计师在时代进步的大潮面前必须面对的：谁能正确把握现代园林发展的新趋势，谁就能取得引领行业发展方向的话语权；谁能驾驭园林景观的创新思想，谁就能取得引领行业技术进步的主动权。

中国的传统园林艺术博大精深，造园技巧魅力无限，是值得我们为之自豪的世界园林艺术之瑰宝，传承优秀的文化传统是我们必然的历史责任。随着历史的发展，社会、经济、文化、科学及至各个学科也都在发展，到了现代，园林事业所面临的情况较之过去已经发生了很大的变化：世界全球化的步伐加快了，世界变得更加开放；城市化的进程快速推进，城市环境日新月异，生态问题也日益突出；园林服务的对象不同了，从为少数人服务变为为广大人民服务；人们的审美情趣变化了，从相对单一变为丰富多元……园林也走出“园”，迈向更为广阔的大尺度城市开放空间，并融入科学的城市绿地系统。面对新的情况，传统园林的有些手法已经不能适应这些变化的要求了。园林事业要继续发展，必然要创新。

创新一方面要继承传统并创新发展。继承与创新是园林事业发展过程中辩证统一的两个方面，传统性和现代性所代表的是社会、经济、文化发展中相互联系的两个不同社会阶段，所体现的分别是其对应的时代内容。中国的传统园林之所以取得了如此辉煌的地位，就是因为它代表了过去那个时代的园林艺术的最高水平，换言之当时它是非常“现代的”。可以说，传统是“源”，现代是“流”，继承是当代与过去的必然联系。传统是“过去时”的“现代”，现代又将成为“未来时”的“传统”，轮回发展，其内在动力就是创新，园林事业就沿着继承—创新—再继承的轨迹螺旋上升。

创新还要学习外国先进文化并为我所用。异域的文化可以引入为己所用，但引入又绝不是简单的“拿来”、照搬和模仿。学习外国先进文化可以从中感悟新的设计意识，汲取体现当代的新内容，借鉴新的表现形式。现代园林要体现时代精神，顺应时代要求，符合时代潮流，开放性、大众化、公共性与生态性等就必然成为现代景观设计的基本要求。现代的新意识、新内容、新形式已然造就了现代的大景观、大空间、大生态的出现，中国传统的封闭式园林艺术也必然要朝着为公众服务的开放式园林景观方向延伸。

总之，创新的基本特征就是要反映时代精神，满足现代人们的不同要求。

20 年来，公司的作品涵盖了公园、居住区、道路、庭院、生态林等各种类型绿地，表现了各种不同的风格：有金融街、CBD 景观的现代气派，有郊野公园的自然质朴；有皇城根、菖蒲河的传统精致，有平原造林的自然群落；有数千米长的带状公园，也有小巧玲珑的街旁绿地……

纵览本书选编的檀馨教授和公司的作品，我们可以强烈地感受到正是由于公司坚持创新精神，在继承中创新，在创新中发展，做到在继承传统时源于“园”而不拘于“园”，师于法而不止于法；在学习国外先进理念时又能植根传统、融汇中西，服务现代、与时俱进，用实践和作品很好地回答了继承与创新、传统与现代的问题，使得公司成为行业技术进步的引领者之一。

从上述作品中我们还可以看到，公司承担的项目中绝大多数更是来源于各级政府部门，彰显公司的社会公益心。此外，公司在管理上也有颇多创新亮点，积极创建基层支部，着力发展企业文化，重视培养优秀人才，真切关心职工生活，爱心救助灾区灾民，热心参与公益事业……反映出檀馨教授不仅有着崇高的历史使命感，还有着强烈的社会责任心。

檀馨教授曾借杜牧的名句“千里莺啼绿映红”抒怀，自喻为黄莺，飞遍大江南北，所到之处唱洒绿荫浓浓，而黄莺却从不争功，始终把自己的工作看作是衬映红花的绿叶，充分显示出了她广阔的胸怀和谦和的精神。

其实园林绿化工作又何尝不是红花！以檀馨教授为代表的设计团队的作品花开锦簇、色彩斑斓、神韵飘逸，件件都仿佛神来之笔，辉映着梦笔的灵光。

充满创新精神的“十八大”已经吹响了“建设美丽中国”的进军号角，拉开了“生态文明建设”的大幕，必将极大地促进我国园林事业的发展，也为富有创新精神的园林设计师开辟了极其壮阔的舞台。

愿梦笔绘绿华夏，祝创新美丽中国！

前　言
Preface

心中锦绣　大地文章

从 1993 年檀馨教授创业到今天，创新景观园林设计公司走过了整整 20 年的历程。

过去的 20 年，是我国改革开放大发展的时期，在社会经济和人的思想观念快速发展变化背景之下，我们这个行业同样经历了东、西方文化的学理思辨，传统与现代思想观念的争论与碰撞，以及激烈的市场竞争；经历了从城市绿化、城市景观到今天的生态治理等等历史过程。回首过往，毕竟大浪淘沙，有多少话语权，还是要看你在大地上、在人心中留下了怎样的作品。

创新景观园林设计公司创办人、我国著名景观园林设计专家檀馨的一个根本信念就是主张让作品说话。

她认为：社会进步及世界文化的广泛交流，是促进现代景观园林发展的原生动力，而现代景观园林的实践又反过来更加丰富和扩展了东、西方传统园林理论内涵与外延。她通过大量的实践，看到了中国传统园林与现代景观园林存在着这样的关联：

以中国传统园林为代表，在相对封闭的空间已经建立了完整的秩序；

以现代景观园林为代表，在城市开放的空间正在建立更科学的体系。

二者殊多不同，却源出一脉而各具魅力，在表现人与自然的关系中，共同抑或先后体现着时代发展的递进和自然规律的演替。这为我们这个行业在如何继承与创新的问题上建立了相对更加合理的逻辑关系，也给有思想、有才能的设计师提供着充满想象力的创作空间。

面向城市的开放空间必然且已经成为现代景观园林的重要拓展空间之一，在这方面，创新公司最近十几年来通过实践进行探索与研究的成果颇丰。

20 年来，创新公司设计的项目涵盖了城市绿地系统规划，现代城市景观设计，各类城市公园、国家森林公园、居住区以及大型公共建筑环境设计等类型，总数超过了 500 多项。

1996 年设计的人定湖公园，至今以“洋风华魂”为人称道；

1998 年设计的北京金融街广场，表现了园林行业“统筹机能”；

2002 年的菖蒲河公园，被誉为“具有传统风格的新时代园林”；

2006 年“犹抱琵琶半遮面”的国家大剧院外环境景观；

2009 年大尺度的大运河森林公园和“让人眼前一亮”的通惠河庆丰公园；

2012 年北京市万亩平原造林，挺进生态文明建设的广阔战场；

……

党的十八大提出的建设“生态文明”和“美丽中国”，深刻地表明这个时代觉悟的高度，也为人们重新认知这个行业提供了前所未有的发展机遇，但并不是任何人都能够驾驭和统筹它们。最优秀的景观园林设计师需要融通百家之后的固执己见，厚积薄发基础上的信手拈来，然而，比之更加重要的是正确的思想觉悟和勇敢的社会担当。无疑，檀馨是当今时代具备这种素质为数不多的人之一。

创新公司 20 年来产生了相当数量、持久隽永有社会影响力的作品，同时也为社会培养了一批又一批有能力和有担当的优秀设计人才。他们是“梦笔的传人”。在他们的笔下，笔笔生花，把祖国大地装扮成了绚丽多彩的百花园，本作品集仅是从中采撷的几朵小花。

创新 20 年，是坚持方向、与时俱进的 20 年；

创新 20 年，是探索创新、成果丰硕的 20 年。

2013 年 7 月

目 录
Contents

004 创新举园林，力悟展宏图／刘秀晨
Innovation to Promote Landscape Architecture and Artistic Conception for Greater Achievements / Liu Xiuchen

006 不断创新　再造辉煌／朱虹
Continuous Innovation for Greater Achievements / Zhu Hong

007 创新，向着中国现代园林——创新景观园林设计公司 20 周年／李铭
Innovation toward Chinese Modern Landscape Architecture / Li Ming

011 贺创新公司 20 周年华诞
Congratulations on the Company's 20th Anniversary

013 前言：心中锦绣 大地文章／许联瑛
Preface: Splendid Landscapes with Elaborated Designs / Xu Lianying

020 北京第一座欧洲园林
The First European Style Park in Beijing
人定湖公园
Rending Lake Park

034 “点土成金”的价值
The Midas Touch of Land
天寿陵园
Tianshou Cemetery

036 现代公园元素
Elements of Modern Park
南馆公园
Nanguan Park

048 市中心的自然空间
The Natural Space in City Center
皇城根遗址公园
Huangchenggen Relics Park

060 犹抱琵琶半遮面
Partially Concealing Charms
国家大剧院北区景观设计
Landscape Design for the North Part of the National Grand Theatre

064 城南发展的绿色地标
The Green Landmark of South Beijing Development
南海子公园（二期）
Nanhaizi Park (Second Phase)

070 现代公园的形式与内容
The Form and Content of Modern Park
朝阳公园
Chaoyang Park

078 融于旧城的公园
Parks Blended into the Old Town
北二环城市公园及德胜公园
North Second Ring City Park and Desheng Park

090 现代城市开放空间的园林景观
Modern Urban Open Space Landscape
东二环交通商务区带状绿地
The Green Space Strips in East Second Ring Transportation Business Area

100 天安门脚下的经典与时尚
The Classic and Modern near Tiananmen Square
菖蒲河公园
Changpu River Park

108 保护与利用双赢
The Win-win of Protection and Utilization
元大都城垣遗址公园
Yuan Dynasty Relic Park

114 CBD 旁的新亮点
The New Highlight beside CBC
通惠河庆丰公园
Tonghui River Qingfeng Park

126 城市开放空间的新景观
New Urban Open Space Landscape
中关村广场景观设计
Zhongguancun Square Landscape Design

130 新广场中的传统印记
Traditional Stamp on New Square
金融街绿化广场
The Financial Street Green Square

134 传统文化与现代城市空间的过渡
Transition between Traditional Culture and Modern Urban Space
地坛园外园
The Outer Park of Ditan Park

138 在城市开放空间中体现文化符号
Cultural Sign in Urban Open Space
东四奥林匹克社区花园
Dongsi Olympic Community Garden

140 城市商务区的生态基底
The Ecological Base of Urban Business District
鄂尔多斯十字街商业景观
Ordos Shizi Street Business Landscape

150 主题公园引领城市特色
Theme Parks Highlighting City Features
伊金霍洛旗母亲公园
Yijinhuoluo Qi Mother Park

156 通向自然的轴线
The Axis Leading to the Nature
奥林匹克森林公园（1、3标段）
Olympic Forest Park (first and third bidding sections)

162 体现养生文化的新园林
New Landscape Architecture on Health Promotion Culture
地坛中医药养生文化园
Ditan Traditional Chinese Medicine Health Culture Park

170 寻求自然野趣
Looking for Natural Feelings
紫玉山庄
Purple Jade Villas

174 低投入、高生态
Highly Ecological with Low Investment
回龙观文化居住区1期
Huilongguan Cultural Residential Area (First Phase)

178 北京印象的景观
Beijing Image Landscape
观唐中式别墅区
Cathay View Chinese Style Villas

184 欧陆风情的居住区景观
The European Style Residential Landscape
珠江帝景B区
Regal Riviera (Section B)

190 小空间大意境
Enormous Artistic Conception in Small Space
紫御府
Ziyu Residence

194 奥运功能传媒文化住区新景观
New Landscape of Olympic Functional Media Culture Residential Community
奥运媒体村
Olympic Media Village

198 现代郊野公园追求的目标
The Pursuit of Modern Country Park
海淀温泉郊野公园（一期）
Haidian Wenquan Country Park (First Phase)

204 提炼荒山造林潜在的特色价值
Tapping the Potential Features and Value of Barren Mountain Afforestation
北宫森林公园
Beigong Forest Park

216 景观园林设计的历史责任
The Historic Responsibility of Landscape Architecture Design
大运河森林公园
Grand Canal Forest Park

238 新城中的层台绿谷
Layered Green Valley in New Town
罕台中心公园设计
Hantai Central Park Design

246 历史文化底蕴中的现代气息
Modern Flavour in Historic Cultrual Context
海淀区北坞公园
Haidian Beiwu Park

250 以生态理念主导的郊野公园设计
Design of Country Parks with Ecological Thinking
朝阳区黄草湾郊野公园
Huangcaowan Country Park, Chaoyang District

254 设计是为了突出场地最有价值的东西
Design to Highlight the Most Valuable on Site
三门峡市黄河公园
Yellow River Park in Sanmenxia City

264 生态优先的长远规划
Ecology-prioritized Long-term Planning
通州、延庆平原造林
The Plain Afforestation in Tongzhou and Yanqing

278 新型城镇化背景下的景观建设
Landscape Construction in the New-type Urbanization
河南武陟县东北半环景观规划
The Northeast Semi-ring Landscape Planning for Wuzhi County in Henan

290 有限资金与高品位园林
Limited Funding and High-grade Landscape
石家庄水上乐园
Shijiazhuang Water Park

292 环境设计放在首位
Environmental Design in the First Place
天下第一城
Grand Epoch City

296 具有特色的郊野公园
Featured Country Park
古塔郊野公园
Guta Country Park

302 寻根北京的滨水绿道
Seeking the Origin of Beijing Waterfront Greenways
北京营城建都滨水绿道
Beijing Yingcheng Jiandu Waterfront Greenway

312 我们的风格
Chuangxin Style

318 后记
Postscript

北京第一座欧洲园林

人定湖公园

项目地点：北京市西城区

用地面积：9.2hm^2

设计时间：1994~1996 年

获得奖项：1997 年度北京市园林优秀设计一等奖

人定湖公园改造工程正值社会新旧观念变化时期，在公园建设过程中，社会舆论褒贬不一。但在北京园林发展过程中，人定湖公园的产生是有必然性的，它既是一个新的开端，又是一种进步。就其特定历史时期而言，人定湖公园改造工程是一个成功的范例。它所表现的新思想、新文化、新意识，在一段时间内，对人们的生活产生了潜移默化的影响。

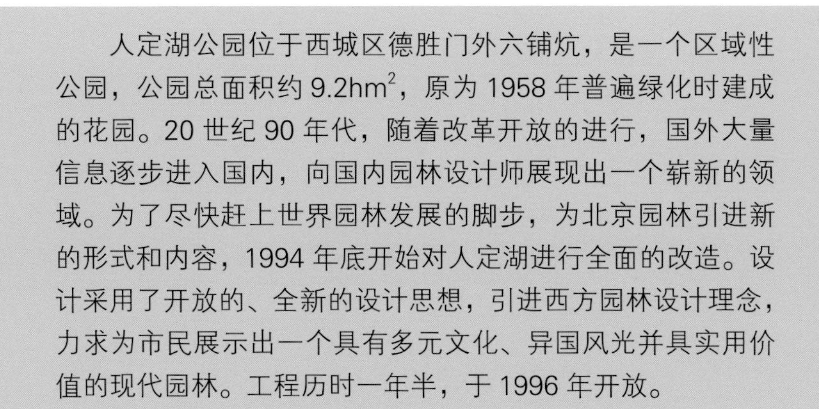

人定湖公园位于西城区德胜门外六铺炕，是一个区域性公园，公园总面积约 9.2hm^2，原为 1958 年普遍绿化时建成的花园。20 世纪 90 年代，随着改革开放的进行，国外大量信息逐步进入国内，向国内园林设计师展现出一个崭新的领域。为了尽快赶上世界园林发展的脚步，为北京园林引进新的形式和内容，1994 年底开始对人定湖进行全面的改造。设计采用了开放的、全新的设计思想，引进西方园林设计理念，力求为市民展示出一个具有多元文化、异国风光并具实用价值的现代园林。工程历时一年半，于 1996 年开放。

设计的构思和特点

1. 改变中国自然山水的造园手法，大胆尝试吸收西方造园中的优秀手法，因地制宜，博采众长。

2. 充分利用生长良好的大树，有效地组织绿色空间。

3. 在公园中创造各种类型的活动空间，满足游人娱乐、活动、休闲的要求。

4. 绿色环境成为该公园的主要构成，其形式简洁、舒畅，种植手法力求新颖。

5. 以抽象的色彩雕塑作为公园的主景，中心装饰性活动广场，让人感受到现代园林的气息。

6. 水面是构成景观的重要条件，湖岸的变化，带动视线的变化，从而组织出一连串的景观，是公园构图成景的重要手段。后期结合环保水净化科学，改为人工小湿地。

7. 水景是该公园的重要组成部分。在不同的地段设计不同形式的水景，使公园增加活跃的气氛。

8. 园林景观建筑力求新颖，追求现代感及适用性，色彩明亮，起到点景的作用。

9. 园林铺地及装饰小品，追求节约、适用和新意，力求精致成景。

人定湖公园中的各种喷泉水景

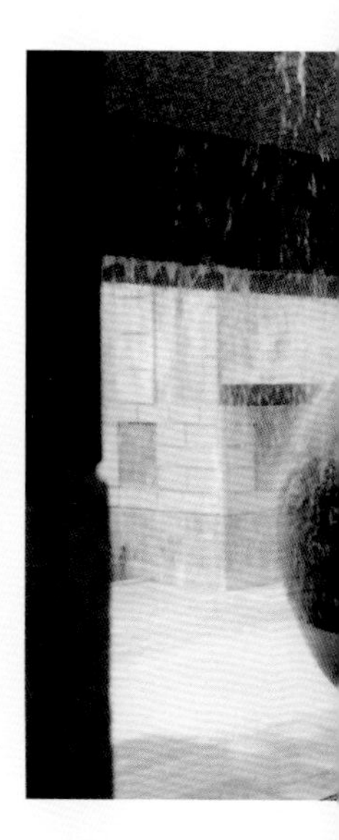

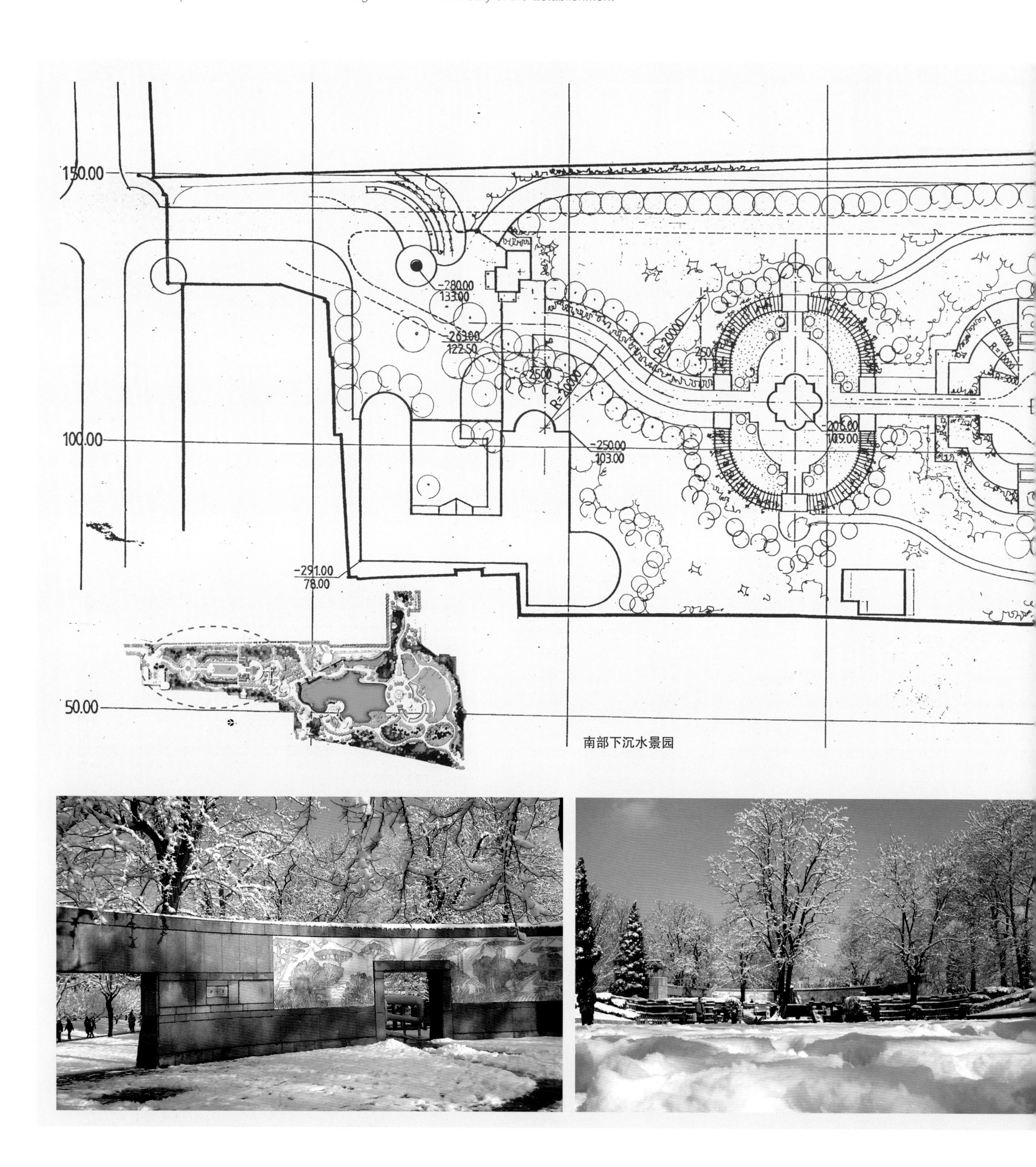
150.00
100.00
50.00
-280.00
133.00
-263.00
122.50
-250.00
103.00
-291.00
78.00
206.00
109.00
R=20000
2500

南部下沉水景园

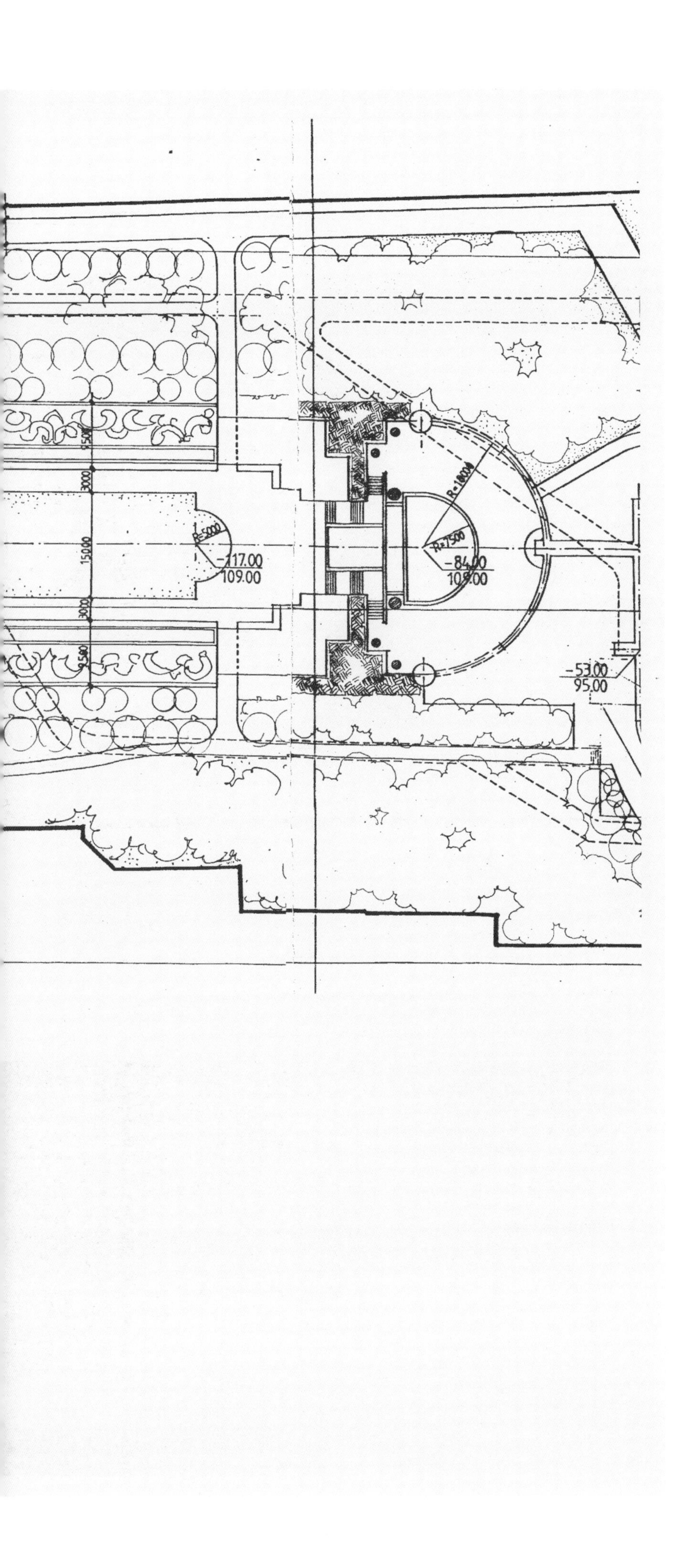
R=5000
-117.00
109.00
R=7500
-84.00
109.00
R=18000
-53.00
95.00
9500
3000
15000
3000
9500

公园中部世界园林史墙及人工湿地

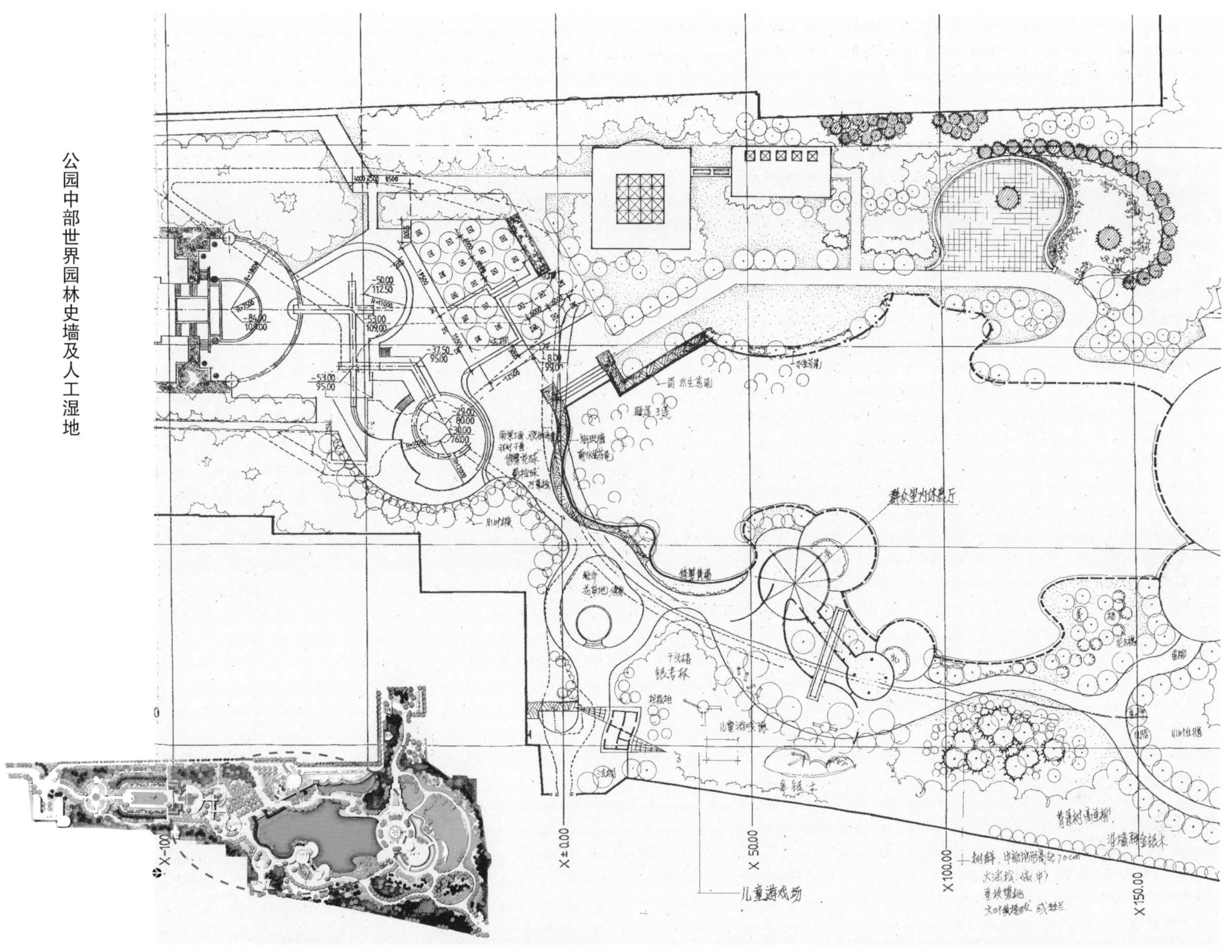

"点土成金"的价值

天寿陵园

项目地点：北京市昌平区南口镇

用地面积：约 40hm^2

设计时间：1996~1998 年

天寿陵园方案平面图

观念带来的模式创新，达到了“点土成金”的效果。

改变了中国传统陵园排列、供奉式的陈旧范式，将高雅、宁静的园林艺术很好地应用在墓地中，用园林的手法构思了陵园轴线和功能分区。

西侧是具有西方风格的区域。将在法国巴黎拉雪茨公墓艺术雕塑以及欧洲其他国家墓地中的大草坪、小教堂、小喷泉、小天使、天台等借鉴到设计之中，同时参考了美国烈士墓地中，将碑体平置于地——让埋葬于此的烈士与墓碑一起仰望天空，永远凝视着上帝。周边是起伏的草地，远处是大树和密林。

东侧是中国风格的区域，采用殿宇和飞天雕塑来表现人们心目中的洞天福地，利用现状坑洼地设计了水滨景观，所有的景区都有中国传统园林式的品题和赋名。

东、西方文化的恰当结合，改变了中国传统墓园阴气太重的一贯形象。设计观念和模式的创新、自然景观结合深度的人文关怀，立刻受到了市场的青睐，吸引了许多社会名人和艺术家相继选择这里作为他们的长眠之地。继而发展起来的有创意的墓碑，更使土地品质不断提升，价格由每平方米几万元升至几十万元，而周边墓地当时只有数千元，价格相差高达数十倍，即便价格如此昂贵，也还是很不容易买到。观念带来的模式创新，达到了“点土成金”的效果。

天寿陵园构想方案

现代公园元素

南馆公园

项目地点：北京市东城区东直门内大街北侧

用地面积：3hm^2

设计时间：2002 年

获得奖项：2002 年度首都绿化美化优秀设计奖、北京园林优秀设计二等奖、北京市规划委员会设计一等奖

南馆公园是一个在全新的设计思想指导下完成的创作。设计中，改变了传统的手法和风格，力求新颖变化和具有现代感。在现代城市环境改造中，结合水体净化功能，营造了一座具有“水科学”内涵的现代园林。

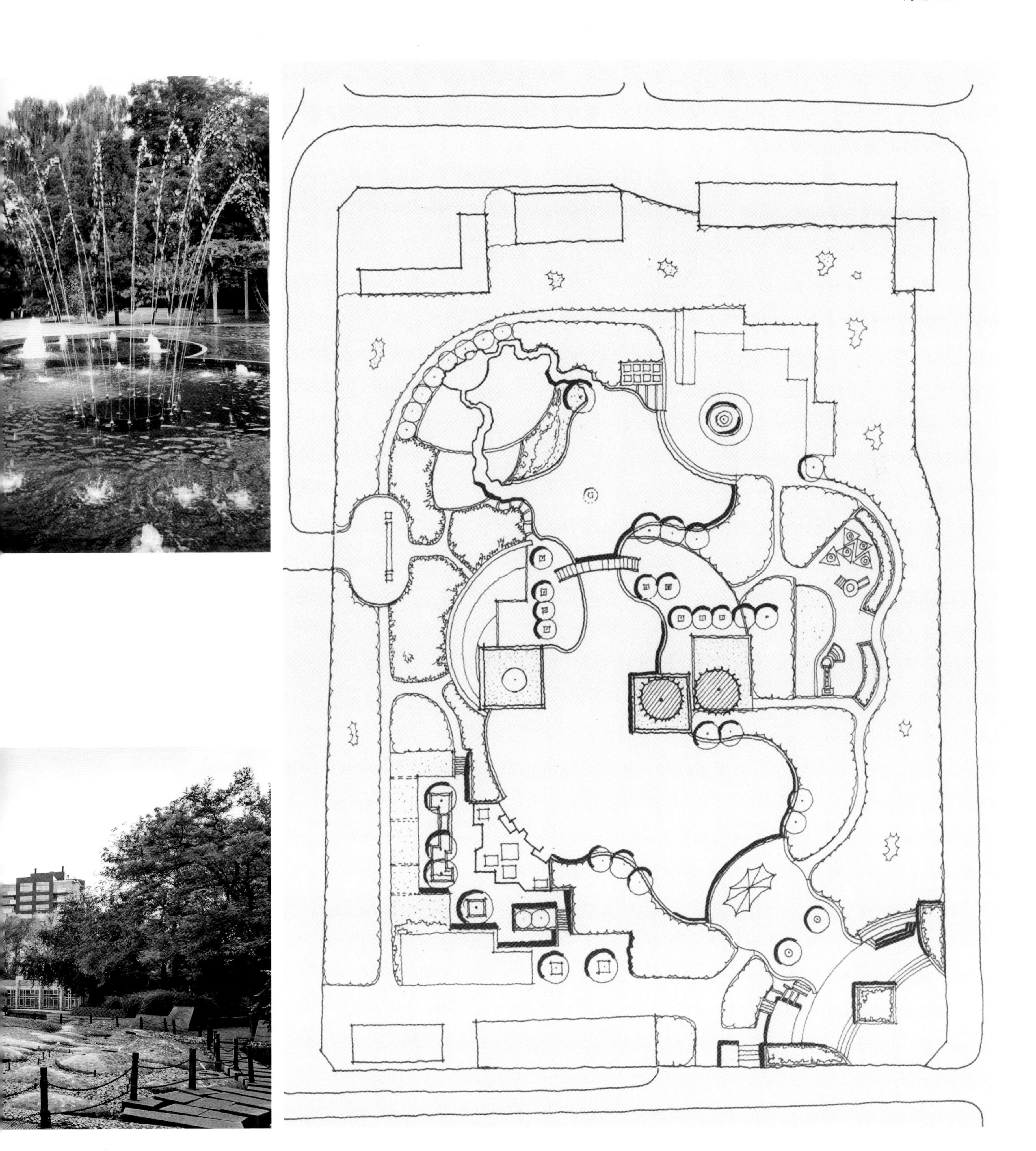

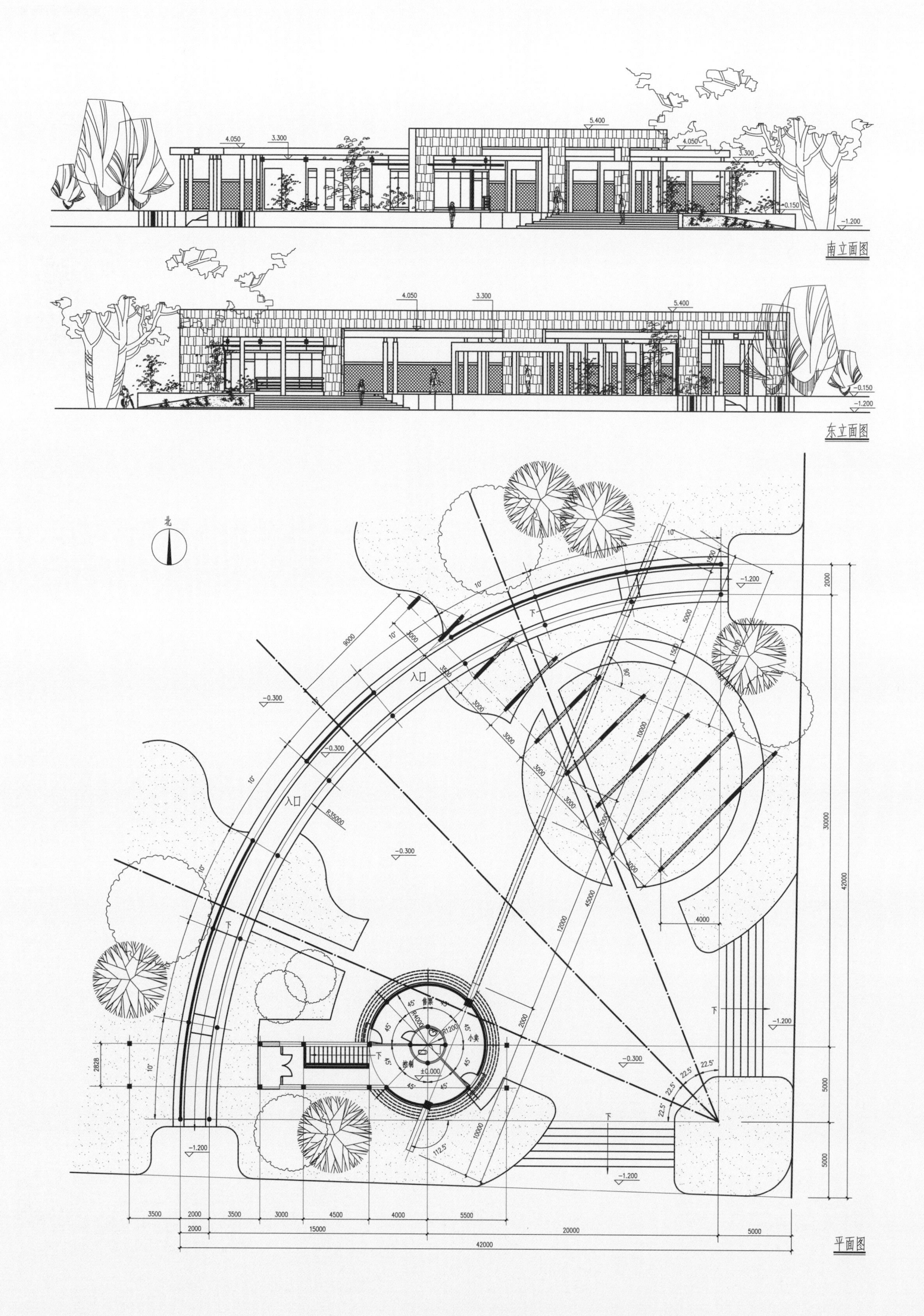
南立面图
东立面图
平面图
入口
入口
北

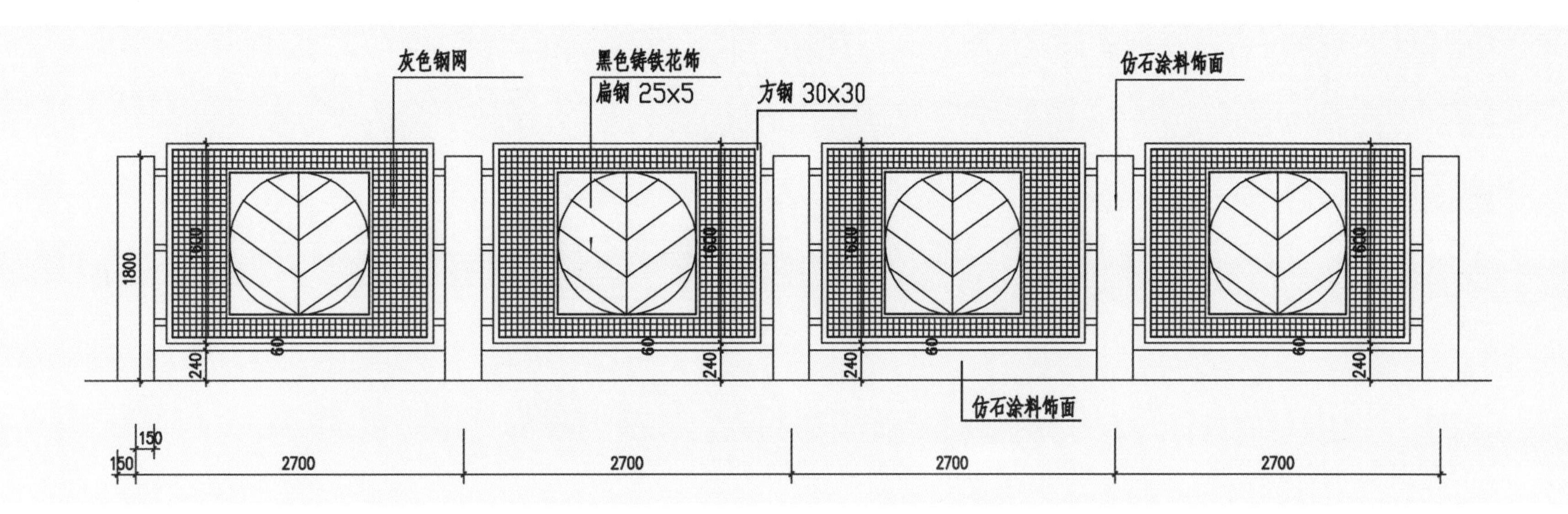
灰色钢网
黑色铸铁花饰
扁钢 25x5
方钢 30x30
仿石涂料饰面
1800
600
240
60
仿石涂料饰面
150
150
2700
2700
2700
2700

景观小品

市中心的自然空间

皇城根遗址公园

项目地点：北京市东城区

用地面积：$7hm^2$，长 2.4km，宽 29m

设计时间：2001 年

获得奖项：2001 年度北京园林优秀设计一等奖

如何规划和利用这块土地，规划定性，定位是个方向问题，是成功的关键所在。政府决定建造一座公园，改善王府井地区的环境，改善居民的生活环境，改善交通环境；要求 95% 的土地用于绿化，不搞建筑，不搞商业。有了明确的方向和目标，余下的就是怎样合理地进行规划设计，最大限度地挖掘其潜在的价值。处理好历史、自然、环境的关系，反映时代精神和群众心声。面向城市的景观园林，是本项目的突出特点。

继承与创新的原则

“皇城根遗址公园”，从名称上看，就知道这是一座具有强烈历史特征的公园，又由于北京作为历史名城的特殊地位，有人认为搞成有明代文化的“主题公园”可以带来很大的商机；又有人强调，新的公园应当尽量表现“国际大都市的特征”。我们认为，应当营造一个既有强烈历史文脉，又有现代气息的城市开放空间，满足现代人的需要，也就是后现代主义的创作原则。这一设计方案得到了大家的认同。

关于继承与创新的原则，现在应当更着眼于创新。创新不是无源之水、无木之本，必须是文化的发展和继承，特别应着眼于时代精神，反映现代人的心声。城市环境是一种综合性社会场所，设计已经不是单纯的视觉艺术，而应当向更高层次发展，对于城市的观察也应以动态的、系统的方法，去认识有机的城市环境空间。历史唯物主义和辩证唯物主义思想，能够指导我们的设计实践。

在继承与创新的问题上，我们主张应当有“洋风华魂”，就是说：要表现现代，要吸纳先进的，要有新感觉，但是历史的、民族的、地方的根基——魂不能没有。或者可称之为“后现代主义的园林”。在皇城根遗址公园的设计中，遵循了以上原则，这也是成功的关键之一。

站在全方位角度进行城市开放空间设计

所谓全方位，就是从历史发展的全过程去看问题，不要停留在某一点上，不要局限于某个时期，要把历史与现代联系起来。从空间上站在高视点，去看待整个城市、区域和特定的场地，不可以只从局部去看问题。从功能上应当从景观、生态、休闲、市政、交通、城市功能等全方位进行规划设计。不应该设计公园就考虑公园，公园是城市的有机组成部分。皇城根遗址公园不仅对于公园内部空间有合理的设计，对于城市的开放空间也考虑得比较全面。

突出特色，充分展现其自身的魅力

一个好的作品必然有其突出的个性和特色，而这一个性和特色又应与城市的整体风格相协调，与周围的环境相协调。

皇城根遗址公园的特色和魅力，在于它是位于市中心，位于繁华的王府井地区，位于皇城脚下。“公园”是这个地区最需要、最缺少的东西——自然、生态、开放的休闲空间。它的场地特征具有强烈的皇城文化历史。

设计的指导思想和技巧的运用，使得这一特征更加完美地体现出来。

城市历史、自然、环境的和谐

在城市建设中，强调人、历史、自然、环境的和谐，是评价城市建设的重要准则。

皇城根遗址公园正确地确立了环境意识，挖掘、保护了历史文化，为人们创造了具有文化含义的开放空间和优美的自然环境。良好的环境可以规范人们的行为，唤起人们的自豪感和归属感，使人们更热爱生活，热爱城市，热爱祖国。即人创造了环境，环境又塑造了人。公园带来了高雅文化，文化又影响了人。最终达到了“人、历史、自然、环境”的和谐。

公园的建设，顺应了历史的潮流，代表一种方向，代表一种先进的文化。可以说是代表了北京园林发展的主流。

绿色生态

绿化是公园之本。公园种植了大树，并用复层种植增加绿量，种植方式为自然风景林。在广场上用树阵方式栽植，利于交通和活动。四季景观分布于全园，在 2800m² 内均能感受到季节变化。植物造景的主题有“梅兰春雨”、“玉泉夏爽”、“银枫秋色”、“松竹冬翠”等。

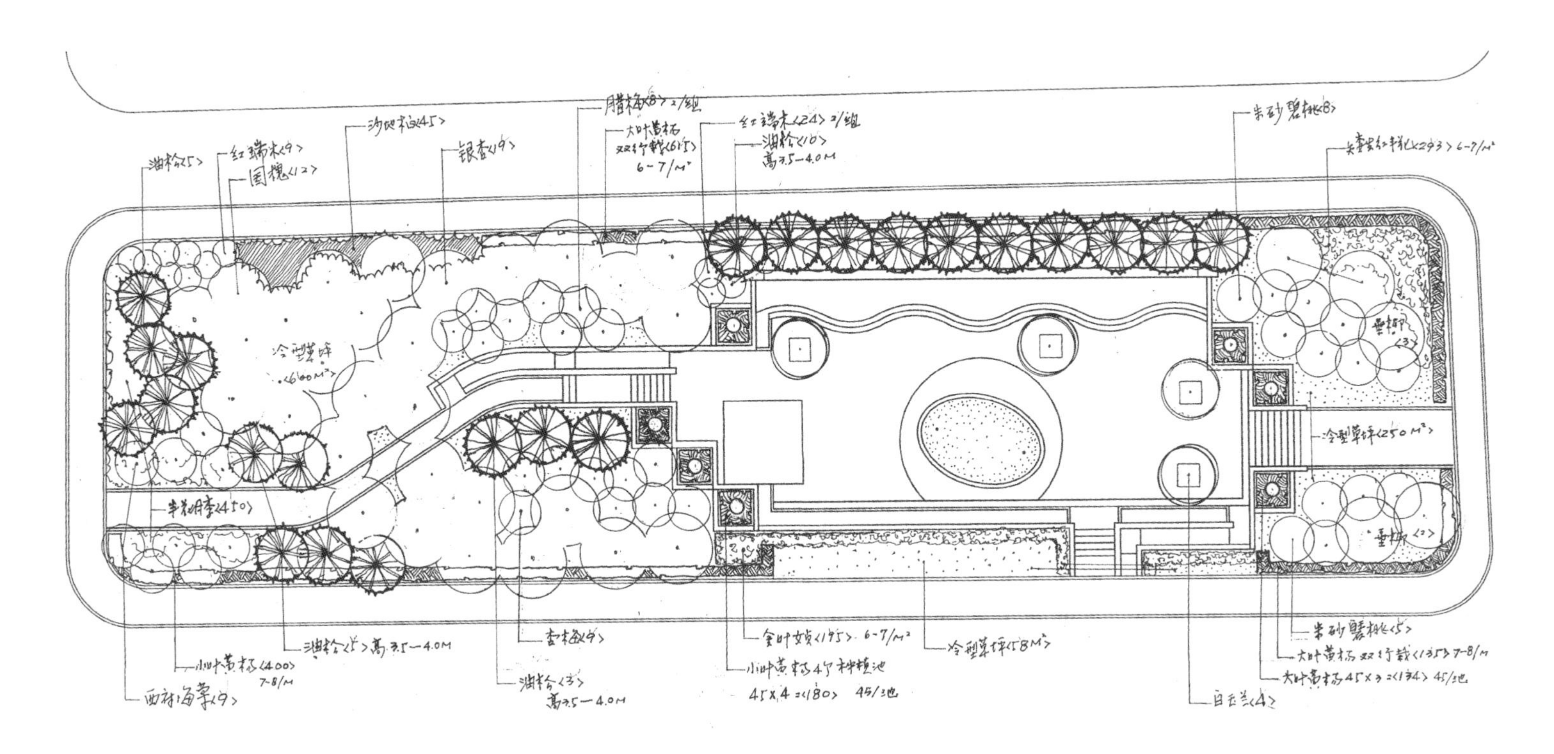

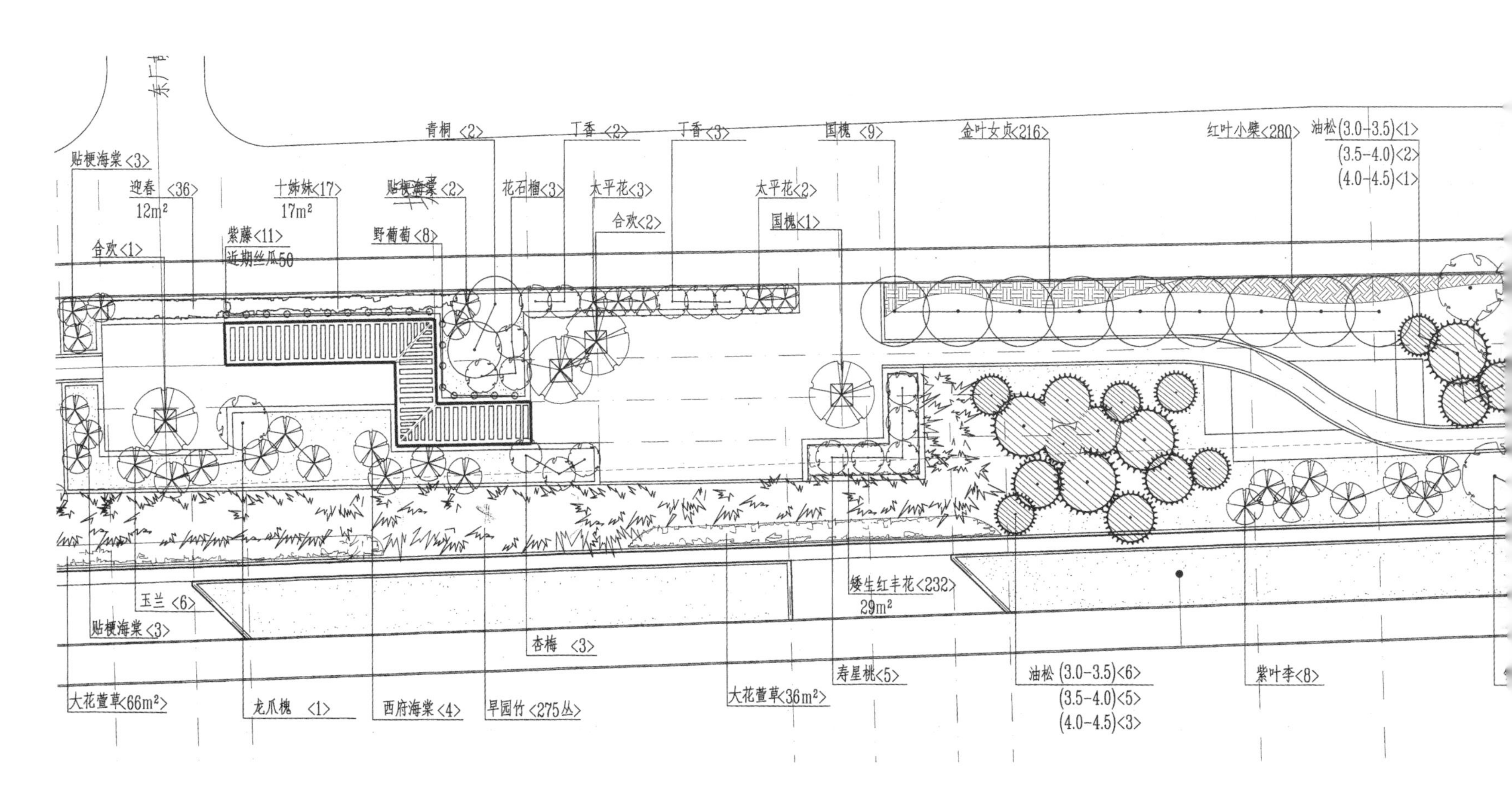

公共艺术

公园中的各种设施，均赋予其艺术性，坐凳、铺地、雕塑、小品也成为公园的重要组成部分。

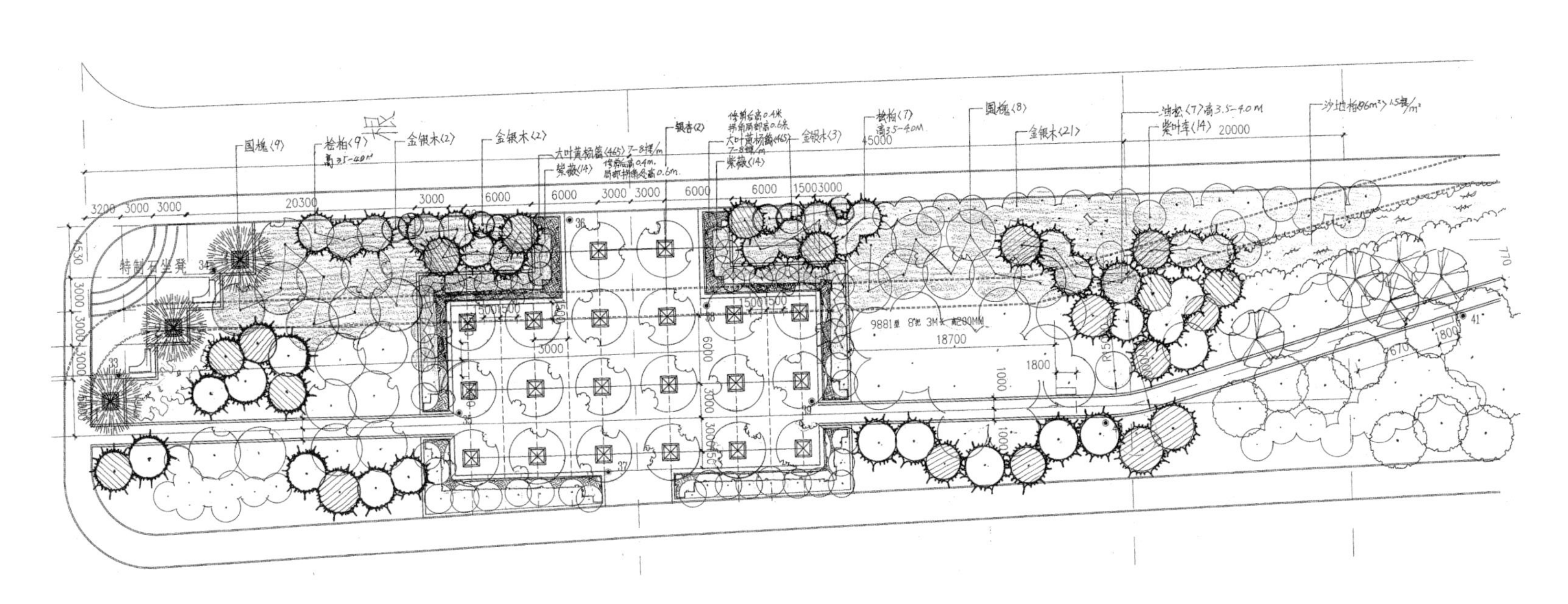

皇城根局部绿化种植设计图

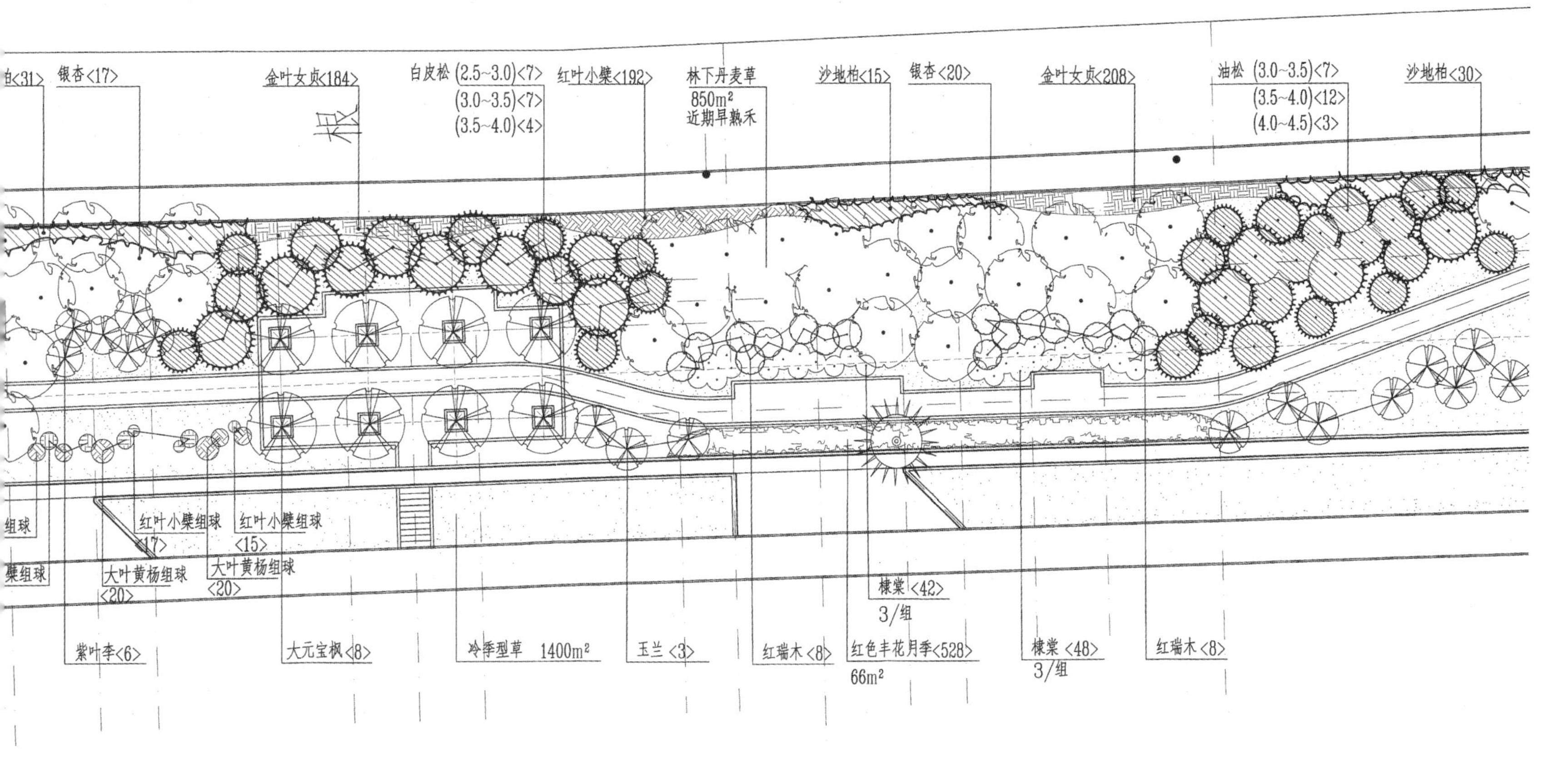

犹抱琵琶半遮面

国家大剧院北区景观设计

项目地点：北京天安门广场西南侧

用地面积：14.654hm^2

设计时间：2006 年

获得奖项：2007 年度北京园林优秀设计二等奖、2009 年度全国优秀工程勘察设计行业市政公用工程设计一等奖、2009 年度北京市第十四届优秀工程设计一等奖

景观设计巧妙地将现代建筑空间融合于古都北京特有的城市景观之中。乡土植物为主的植物规划简约而不简单，植物色彩随季相自然变化，主体建筑与自然群落的适度疏密隐显，表现了“犹抱琵琶半遮面”的设计意境。

设计原则

国家大剧院地处天安门广场地区，景观设计要保证长安街沿线绿化景观的协调统一。风格简洁大气，以观赏性为主。以树丛以及植物群落式种植手法，实现绿地布局的完整性。同时注重与大剧院功能需求相结合，处理好人流的疏散与组织。

景观设计遵循以植物造景为核心，营造富有自然情趣的环境氛围的指导思想，在植物种植形式与手法和树种的选用这两方面，提出以下设计原则：

1. 强调植物空间的多样性与整体性

将功能性与景观紧密结合，利用植物创造多种空间，保证绿地布局的完整性。

2. 坚持植物品种选择的协调性

大剧院北部延续长安街绿化基调树种。立面注重创造高低起伏、错落有致的林冠线。

3. 营造整体景观的亲和性

作为国家文化艺术中心，其外部景观应轻松自然，具有亲和力。因此，常绿树比例不宜过高，主入口前广场选用大规格的银杏形成树阵，疏朗大方，两侧绿地以落叶树丛边缘配置色彩丰富，层次错落。

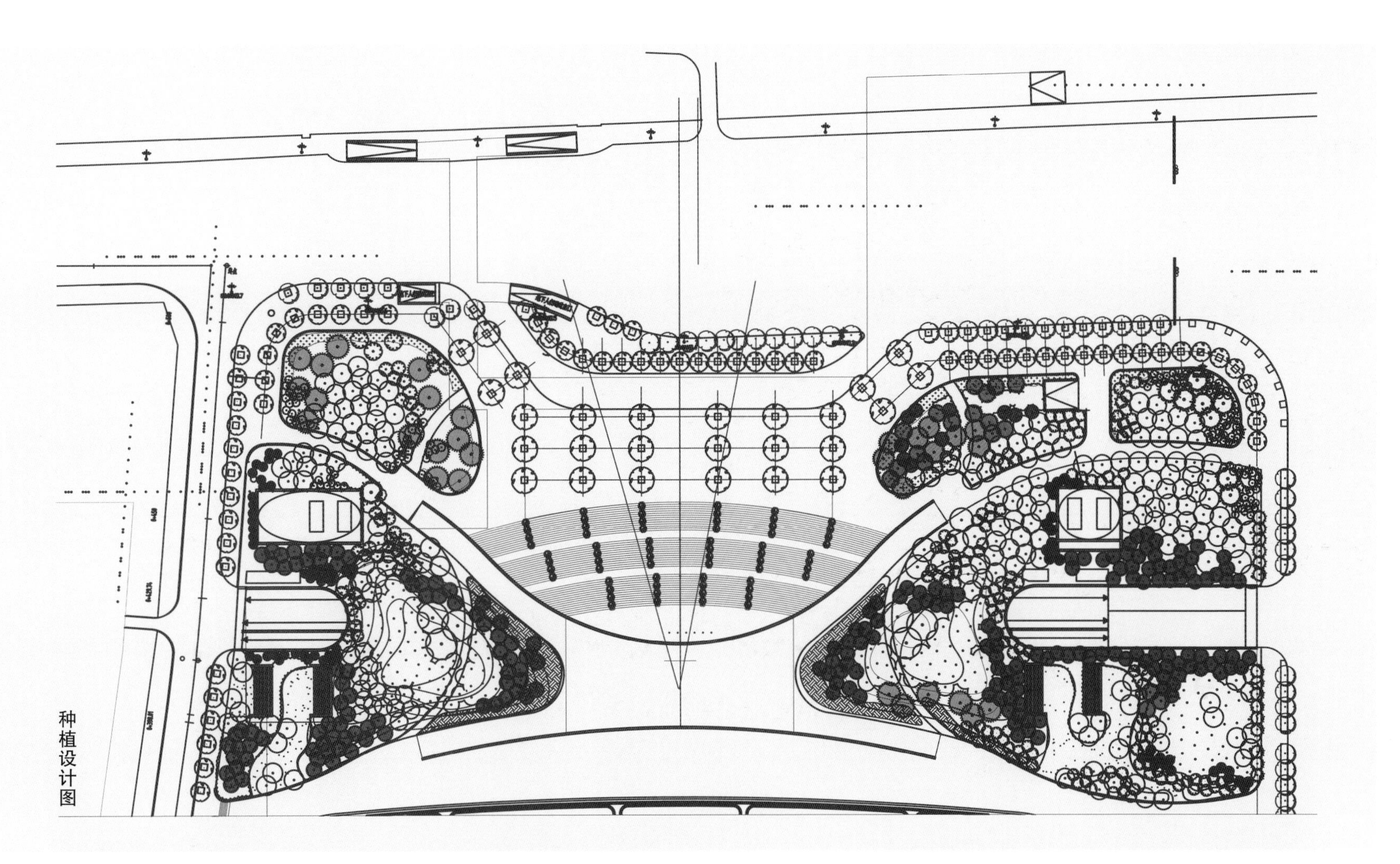
种植设计图

2.

设计特点

大剧院建筑中轴线的北端是主入口，也是长安街城市景观的重要部分。空间疏朗，形成中心透视线，并以高大的乔木形成视线引导，构成半开敞空间。从长安街望去，大剧院掩映在绿色中。东西两侧扩大绿地范围，通过片状复层种植，形成封闭式林地空间。以大片自然茂盛的林木，作为长安街与大剧院的过渡与衔接，巧妙地达成建筑空间与城市景观风格的和谐与有机融合。

城南发展的绿色地标

南海子公园（二期）

项目地点：北京市大兴区
用地面积：$641hm^2$
设计时间：2010 年至今

一个地区的复兴，有多种途径，其中通过营建大型的公园为区域发展注入活力与动力，并构成了品牌效应，形成人群、文化圈和经济圈的聚集，已成为一种模式。南海子公园作为城南复兴计划率先启动的标志，在建设之初如何让这类大型公园的规划与城市的未来发展相协调，在尊重历史和保护生态的前提下，实现自然与人文相互和谐，区域复兴与繁荣协调发展，是我们面临的新课题。

项目概况

南海子公园位于北京市大兴区东北部，北京城著名的南中轴延长线上。公园北起南五环路，南抵黄亦路，西接凉凤灌渠，东至规划的南海子东路，占地 $801hm^2$，分两期建设。其中一期已建成部分 $160hm^2$，本次规划的二期占地面积 $641hm^2$。

2. 辉煌的历史

南海子先后经历了辽金肇始、元代奠基、明代拓展、清中鼎盛、清末衰败 5 个时期，曾是五代皇家猎场，三朝皇家苑囿（元、明、清）。明朝燕京十景之一的“南囿秋风”即指南海子地区。明清以来北京为“一城两区”的空间布局形式。其中以皇城居中，北部是以三山五园为代表的皇家园林区，南部是以南海子地区为核心的皇家苑囿区。在行围狩猎、阅兵演武、农耕游牧的演替与发展中，南海子形成了特有的皇家文化底蕴。

平涝结合的水位设计保证蓄洪要求

3.

难堪的现状

20 世纪 80 年代后期，南海子地区原有的湿地逐渐消失。尤其是公园规划范围内，挖沙取土，植被破坏，现状坑塘又被不加分类、不加隔离的垃圾填埋。垃圾总量达到 2400 万 m^3。

本区域内各类单位及小企业多达 500 多家，低端产业大量聚集，流动人口超过 10 万人。土壤、空气、地下水受到严重污染，给当地及周边地区社会经济发展带来很大的隐患。

总平面图

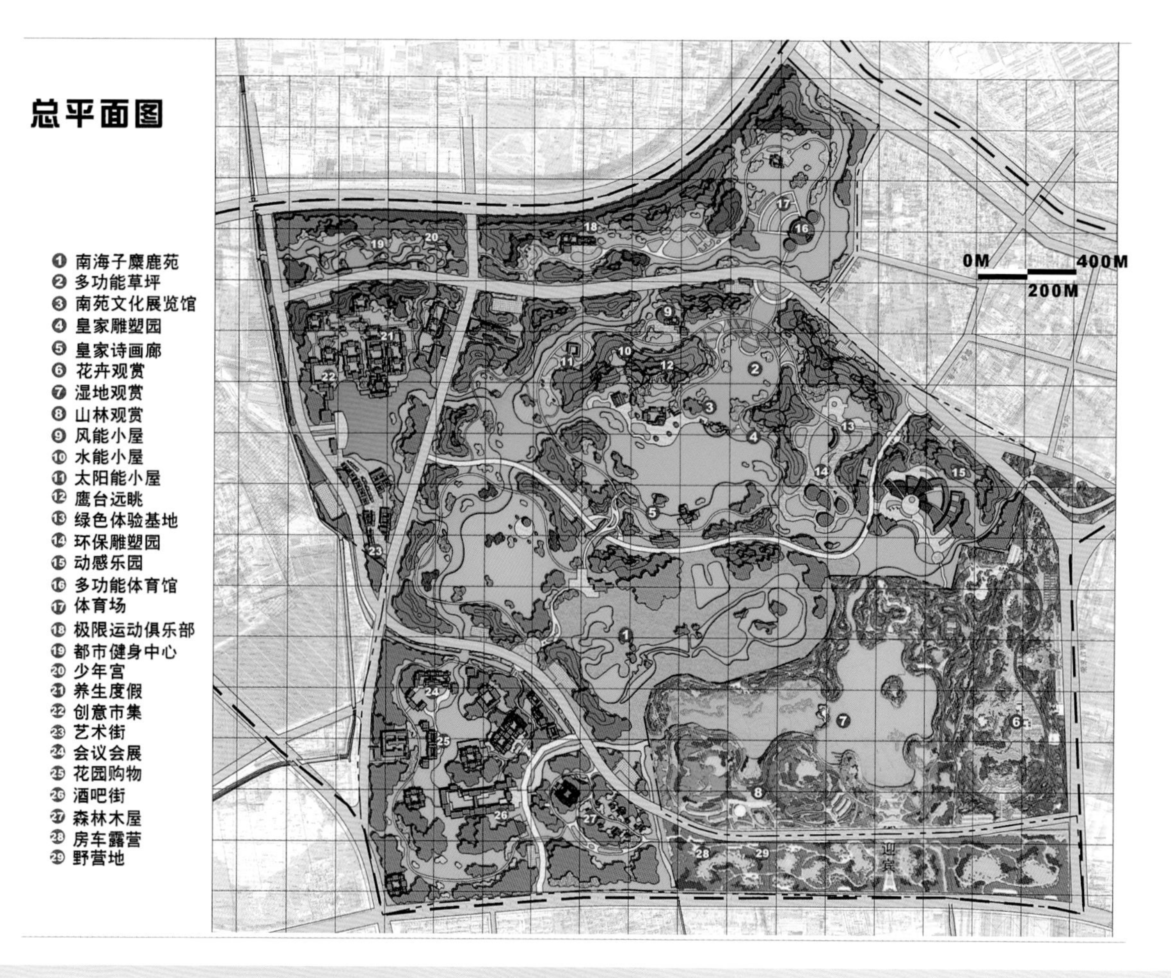

麋鹿苑优美的生态环境

南海阁效果

南门区水系环绕

特点与定位

以上位规划为依据，将一期纳入总体设计之中，以恢复湿地生态为基础，传承文化为灵魂，实现综合效益最大化，建成以湿地和文化为特色的多功能、可持续发展的综合性公园。

综上所述南海子公园具有独特的三大优势：

——历史上这里曾“四时不竭，汪洋若海”，是城南最大的湿地和五代皇家猎苑。

——麋鹿苑作为核心生态保护区，现已形成完善的湿地生态系统。

——拥有超大尺度的生态绿地和 240hm^2 的湿地水面，形成南城新的生态绿心。

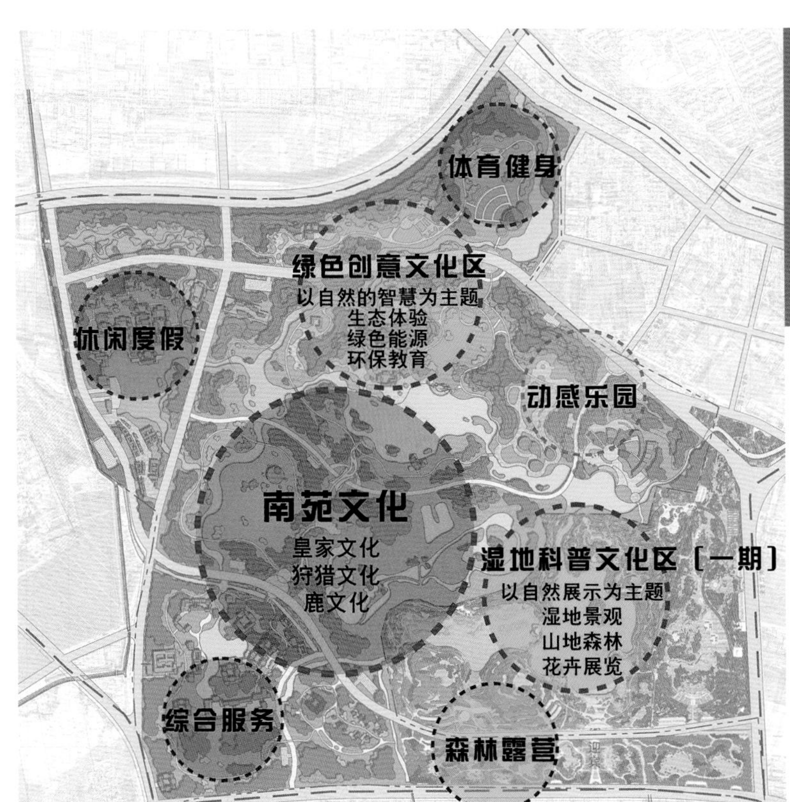

功能分区

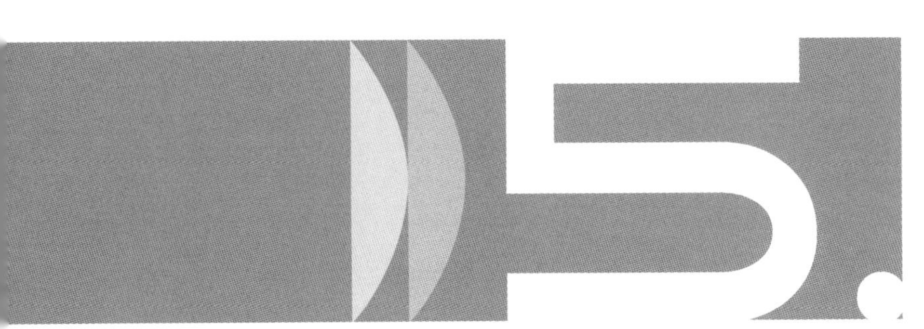

景观结构：体现传统皇家园林空间格局

规划首先在公园北侧坐北朝南堆筑 28m 高主山，并在主峰两侧设计了连续的余脉。不但整个公园有了良好的背景屏障，也使一期与二期山体之间形成山水环抱、南北呼应的格局，充分体现出负阴抱阳、大山大水、气势宏伟的皇家园林传统空间的布局形式。

公园景观水系与地形的开合走向一致，由西北向东南，经由二期中心区上千亩的广阔水面，满足了蓄滞洪的要求，并最终与一期水面连通。挖湖出土均用于园内堆山。

北门区重檐牌楼

野趣生态的自然景观

功能分区

为了保护利用好湿地的自然资源并充分挖掘历史人文资源，南海子公园将突出湿地和文化为特色，划分出 4 个功能类型区，分别是：生态核心区、湿地展示区、南海子文化区和管理服务区。

1. 生态核心区

即南海子麋鹿苑，总面积约 60hm^2，是我国第一座麋鹿自然保护区。麋鹿是中国特有也是世界珍稀动物，在南海子地区经历了从蓄养到灭绝，然后在 1985 年回归的历史过程。麋鹿见证了南海子的兴衰荣辱，是这里最具价值的活的物证。

2. 湿地展示区

围绕麋鹿苑外围分布，再现当年“四时不竭，五海相连”的湿地景观。该区域以湿地生态恢复与重建为主，营造生态多样的湖岸及鸟岛等自然景观，为野生动物提供良好的栖息地，同时向游客展示湿地科普知识和湿地生态文化，主要包括：湿地植物、湿地动物、湿地观鸟三部分科普展示内容。

3. 南海子文化区

南海子文化区位于公园的山地区。借助公园的山体、平地、环湖等条件，融入南海子历史上丰富的文化资源，建设“一阁（南海阁）、一线（南海子历史文化步道）、三宫、九台、一寺一庙（复建德寿寺、宁佑庙）”的历史文化景观序列，形成“九台环碧，南海兴荣”特色文化景观区。

“一线”历史文化步道：全长 1200m，用壁画、雕塑等活泼的艺术形式，串联起 14 个节点，展示辽金肇始、元代奠基、明代拓展、清中鼎盛、清末衰败，以及当代盛世建园 6 个历史时期发生在南海子的重要历史事件，让游人了解南海子底蕴深厚的历史文化，仿佛漫步在历史的长河之中。

“九台”：公园二期的核心区通过挖湖堆山，形成了连绵起伏的山丘。我们将游人登高远望的需求，与历史上南海子囿台比较多的特点相结合，提出了“九台环碧、南海兴荣”的景观理念，并选择了南海子历史中 9 个轻松的、亲切的民间故事和典故，使每个观景台都有了喜闻乐见的主题。

植物景观特色

强调植物大景观的规划原则，塑造春有万枝花节，夏有湿地鹿鸣，秋有南囿秋风，冬有猎苑冬雪的四季景观。春季，园内主山南坡种植的数万株春花，竞相开放、争奇斗艳，形成“万枝花节”的绚丽场面。秋季，在山坡谷地大量种植枫树、银杏、黄栌及彩叶树种，满山色叶的秋景配以水边“芦花”，再现明朝燕京十景之一的“南囿秋风”的壮美景观。

综合效应

南海子公园一期已经建成，二期正在建设中，由于其鲜明的特色，已经形成了一定的品牌效应，初步形成了上下游的综合服务业的聚集，目前正在建设和拟建的项目有：

——周边吸引了中信城、金第万科·朗润园等大型高端楼盘，带来了人群的聚集。

——吸引了一批知名的书画院和设计中心进驻，在南城形成高雅文化的聚集。

——以公园优美的环境为背景，为亦庄开发区的高科技企业和员工的会议会展、酒吧餐饮、购物等活动服务。

——体育健身基地及房车露营度假区正在规划中。

这些项目的引入已经形成了规划之初以大型公园引导区域发展的构想，形成了良性互动，为公园后期管理可持续发展提供了有力支持。

结语

通过大型公园的建设，将原来相对落后的旧宫、瀛海地区，改造成为了环境优美的宜居宜业之城，并与高标准的亦庄开发区连为一体，完成了跨区域的环境及资源整合。建成后的南海子公园，将形成以麋鹿保护、生态湿地、文化传承为三大鲜明的主题特色，形成与北京北部奥林匹克森林公园和中心城区历史文化南北呼应的景观格局，成为北京南城复兴的标志。

现代公园的形式与内容

朝阳公园

项目地点：北京市朝阳区

用地面积：288.7hm^2（其中中部景区环境规划面积 43hm^2）

设计时间：2004 年

获奖项目：2005 年度北京园林优秀设计一等奖

朝阳公园总平面

充分利用和保留现状大树，依托原有自然水系湖泊，用现代景观设计语言建造城市大尺度绿色生态景观园林，强烈地表现着国际艺术休闲空间的鲜明主题的同时，始终积极地体现着中国园林与自然的契合关系这一识别性。

设计的理念和策略

充分利用和保留现状树木创造和谐的绿色生态景观，以原有的自然生态河湖水系为依托，不扰动原有湖底，形成自然、生态、亲水的湖岸；改善和提高北京地区生态环境和东部城市居民的文化生活空间及艺术休闲的场所。

地形及山水骨架

水面开阔，根据水利部门蓄洪水量的要求，朝阳公园规划总水面面积不少于 60.2hm^2，湖底高程 32.0m，常水位 33.8m，100 年一遇蓄洪水位为 35.0m。

公园场地过于平坦，缺乏特色，多数为拆迁渣土就地平摊，因此，设计考虑了适度堆山，有利于形成高低起伏、富有变化的基础空间，同时还可以利用山丘、绿化和水面的自然划分，形成多个景观空间。

形成的特色植物景观

公园中的绿化种植不同于一般绿地片林种植，应当进行景观种植，创造以植物为特色的景观。这种思路不仅是为了创造美丽的植物景观，同时还可以为公园的经营注入活力，使公园能进入可持续发展的良性循环。这一点在北京的公园中有成功的先例。比如：香山公园的红叶，紫竹院公园的竹子等。

设计中充分利用朝阳公园中部已有海棠景观，继续在公园北部较宽阔的区域扩大种植以形成更大规模，在 3~5 年即可形成理想的景观，另外，扩大种植樱花面积，这两种特色花灌木有近 1 个月的花期，为市民旅游提供了更理想的条件，也增加了公园的影响力。

生物多样性特点

朝阳公园面积较大，为生物多样性发展和丰富提供了条件，在普遍绿化的基础上，完全可以达到生物多样性的目标，植物种类多了，普及植物科学的条件就具备了。为此，在公园北部新建区域种植了约 150 个品种的树木，体现了大公园中的物种多样性原则。

西部景区

西部园区有两处景点。一个是外径约 80m 圆形下沉式雾泉雕塑艺术广场，另一个是为水中野鸭等生物栖息的莲花湖自然生态岛，其中的木平台、膜结构亭及缀花草地，体现公园的自然野趣。

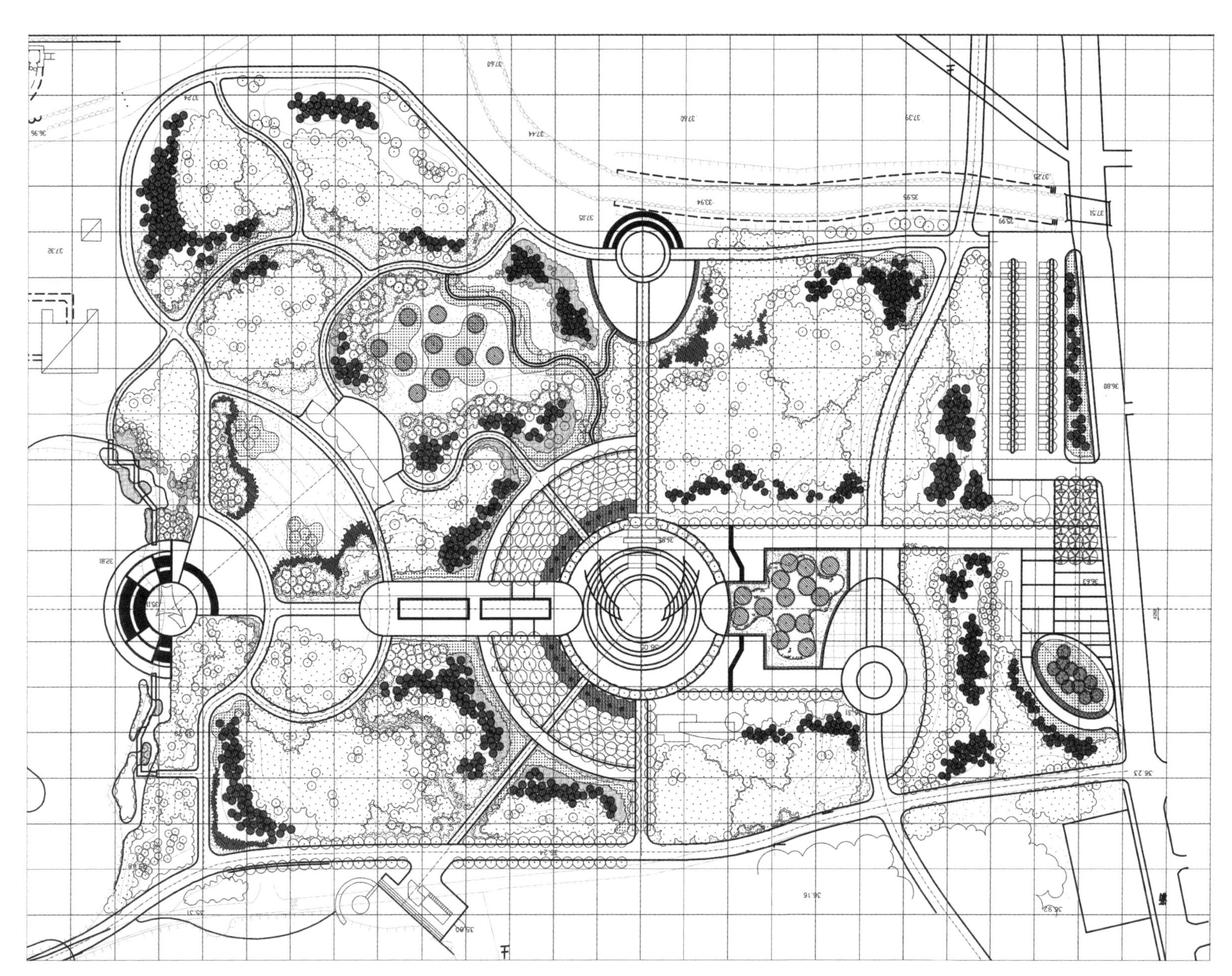

西部景区平面

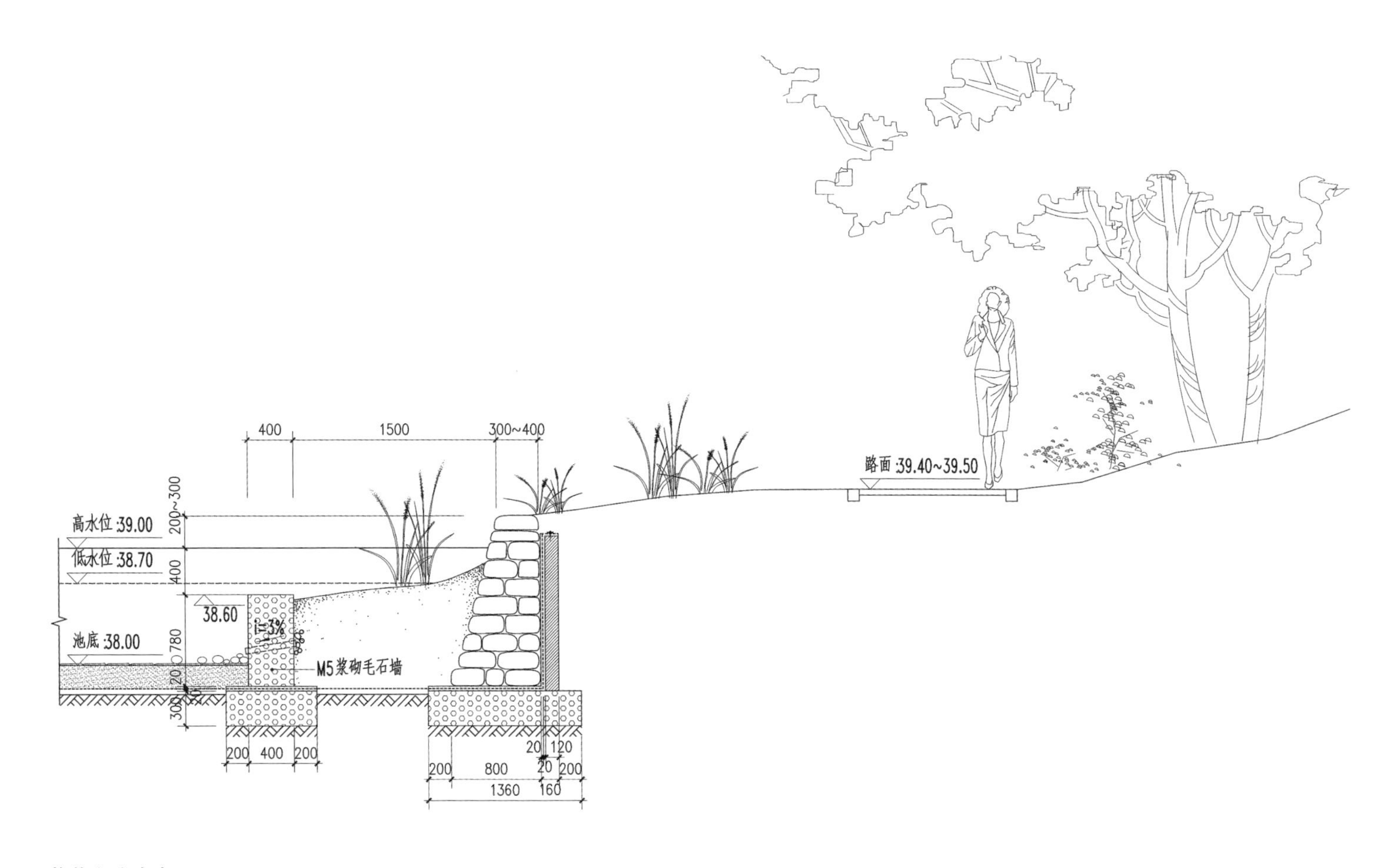
400
1500
300~400
200~300
高水位 :39.00
低水位 :38.70
400
38.60
i=3%
池底 :38.00
780
20
300
M5浆砌毛石墙
路面 :39.40~39.50
200
400
200
20
120
200
800
20
200
1360
160

莲花湖生态岛

艺术广场

滨水之舟

2. 北部景区

北门区利用了逆光的环境特点，在门区设几处以树木、花卉、动物为主题的剪影雕塑。门区的服务设施隐蔽在树林中。

公园北部以大水面、大绿地为主要景观特色。为了创造适宜植物生长的多样性的小气候环境，设计利用山丘地形，营造了生态溪谷景区，在形成了水景观的同时，也可以作为绿地浇灌用水，其景区内水源头是用山石堆叠的平泉跌水，既形成景观又利于溪水循环保持水质。

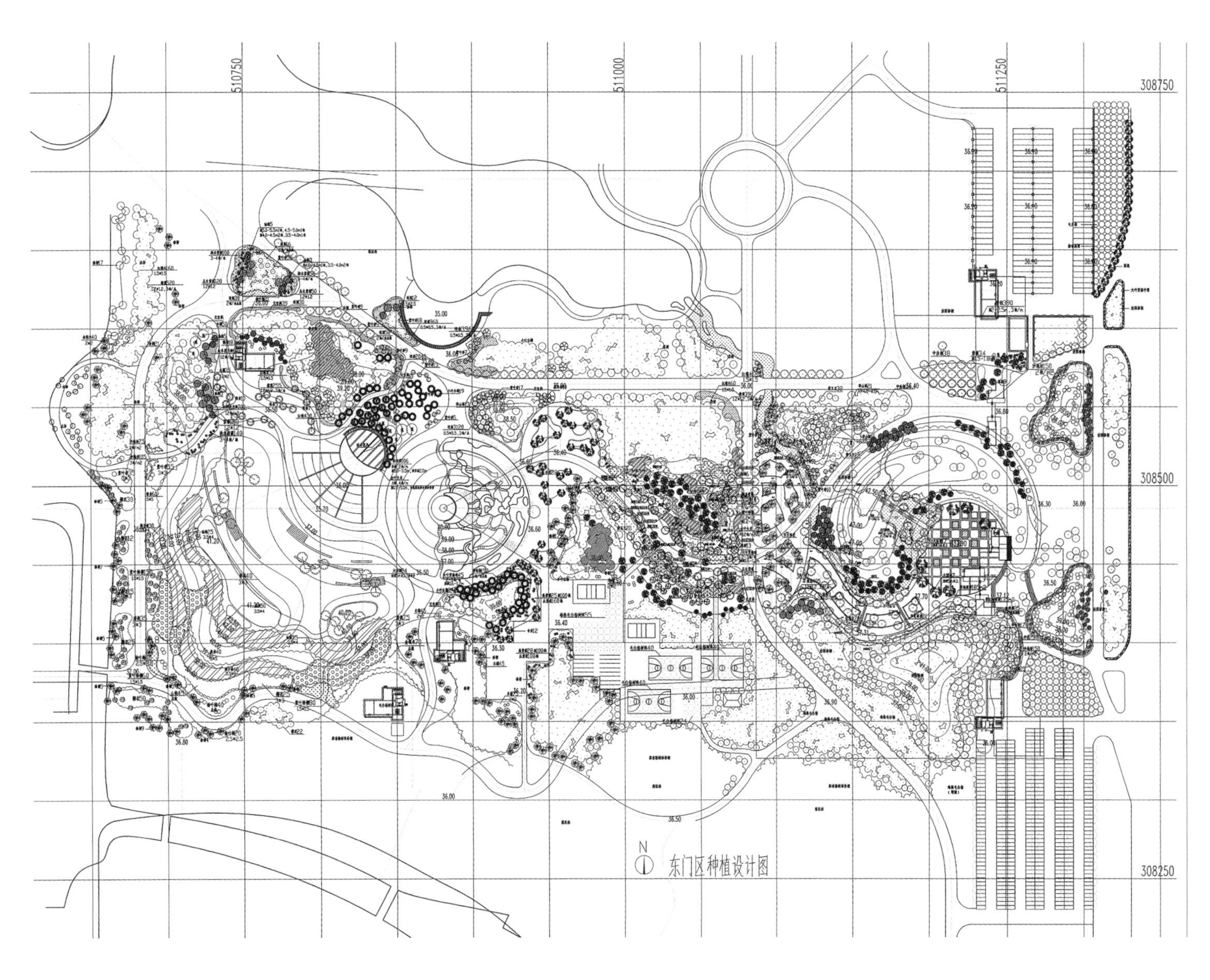

03.

东部景区

公园东部以绿色生态中的运动为主题，淡化入口售票及服务建筑。东门区不采用大轴线、大广场的特色，而是以自然、运动的感受与城市相连接。景区内有两处景点：生命之源——在园区中部利用突出的地形，从树林中流下五条彩色水溪，轻松的运动符号点缀其中；绿茵欢歌——在园区靠近方舟湖处设置了露天大草坡舞台及服务中心。

融于旧城的公园

北二环城市公园及德胜公园

项目地点：北京市北二环

用地面积：10.4hm^2

设计时间：2007 年

获得奖项：2007 年度北京园林优秀设计一等奖、北京市规划委员会设计一等奖

北京最窄的城市公园。景观园林设计在有限的空间内，艺术和智慧地解决改善民居条件、保护古都风貌和美化城市环境等问题，发挥城市土地和空间最大的综合和效益，提升北京中心城区拆迁土地的生态调节、绿化屏障和文化休闲价值。

背景

随着奥运会申办成功，北京利用园林景观作为改善城市生态和景观面貌的重要手段，不断获得成功，凸显了这一行业在城市建设中越来越重要的地位。2006 年，东、西两城区政府基于保护古城风貌的目标，计划对北二环路西直门至雍和宫大街全长约 4.5km 的“城中村”进行环境整治，建设绿地约 10.4hm^2。

案例位于现状北二环路的南侧，是原来北京旧城墙位置所在。这座城市公园最突出之处在于，将古城的文化性修复设计与城市生态调节、道路绿化屏障和居民文化休闲功能自然合理地融合在一起。

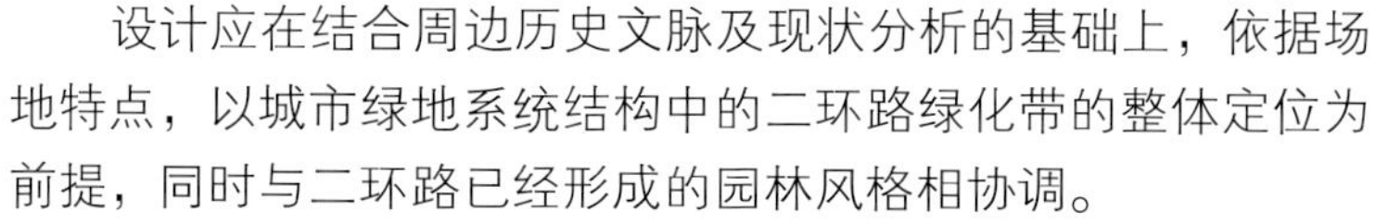

依据

设计应在结合周边历史文脉及现状分析的基础上，依据场地特点，以城市绿地系统结构中的二环路绿化带的整体定位为前提，同时与二环路已经形成的园林风格相协调。

场地周边由西到东，分布有可挖掘的历史节点，如什刹海历史文化保护区、净业寺、德胜门、关岳庙、钟鼓楼、雍和宫等。其中以地标性建筑——德胜门箭楼最为重点，可开辟多条视线通廊。

特点

（1）对古城的文化性修复

二环路带状公园清晰地勾画出了具有悠久历史的北京旧城轮廓，是北京城传统与现代融合的见证。本次设计的德胜公园和城市公园位于旧城保护区的北边界，为新、旧城之间的缓冲区。

公园南侧 4.5km 沿线的平房保护区是城市公园的背景。文化性修复的设计施工全部按照传统工艺进行，房屋所用材料和施工工艺全部体现了不同时期、不同风格北京民居的传统风貌。建成后的公园以“绿色城墙”的设计理念，与古色古香的德胜门、关岳庙及雍和宫相互掩映，重新形成连接，用绿色勾画出了古城边界，突显新公园和旧城边际历史风貌的和谐和统一。

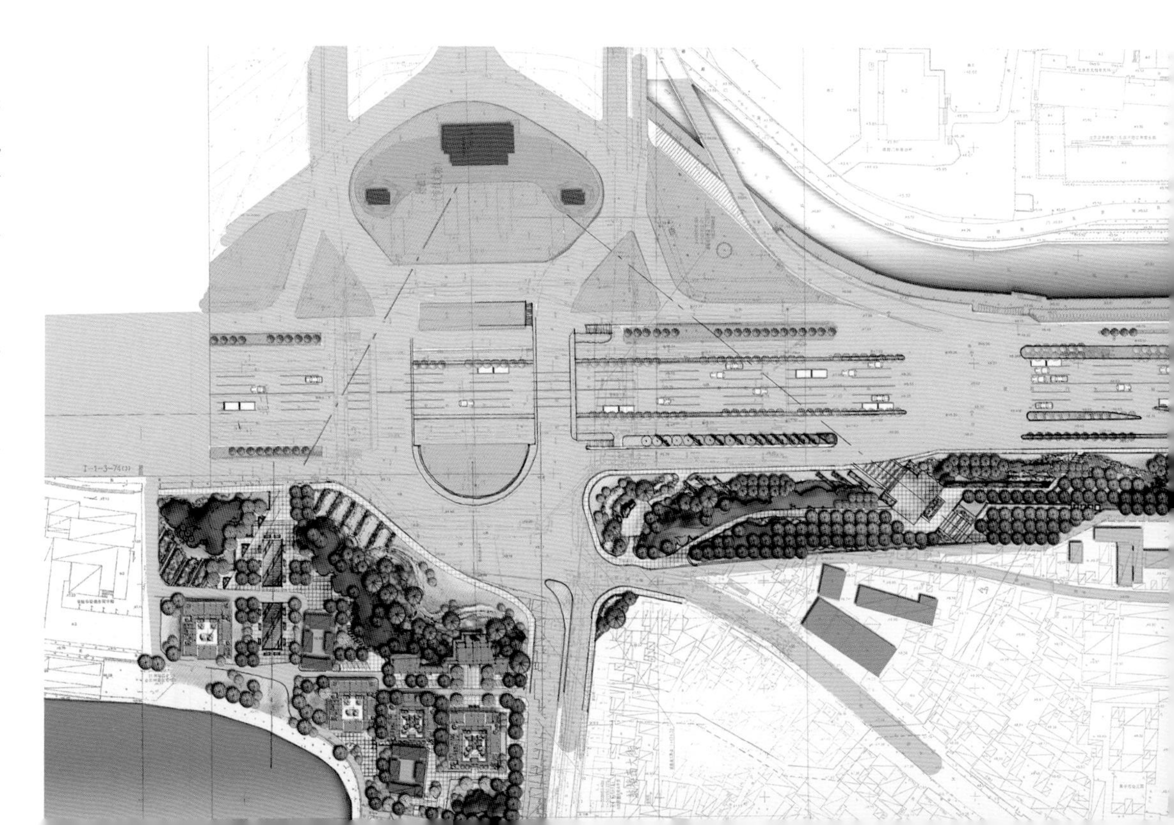

德胜倚望——望胜台和古槐恰好形成德胜门城楼的透景线

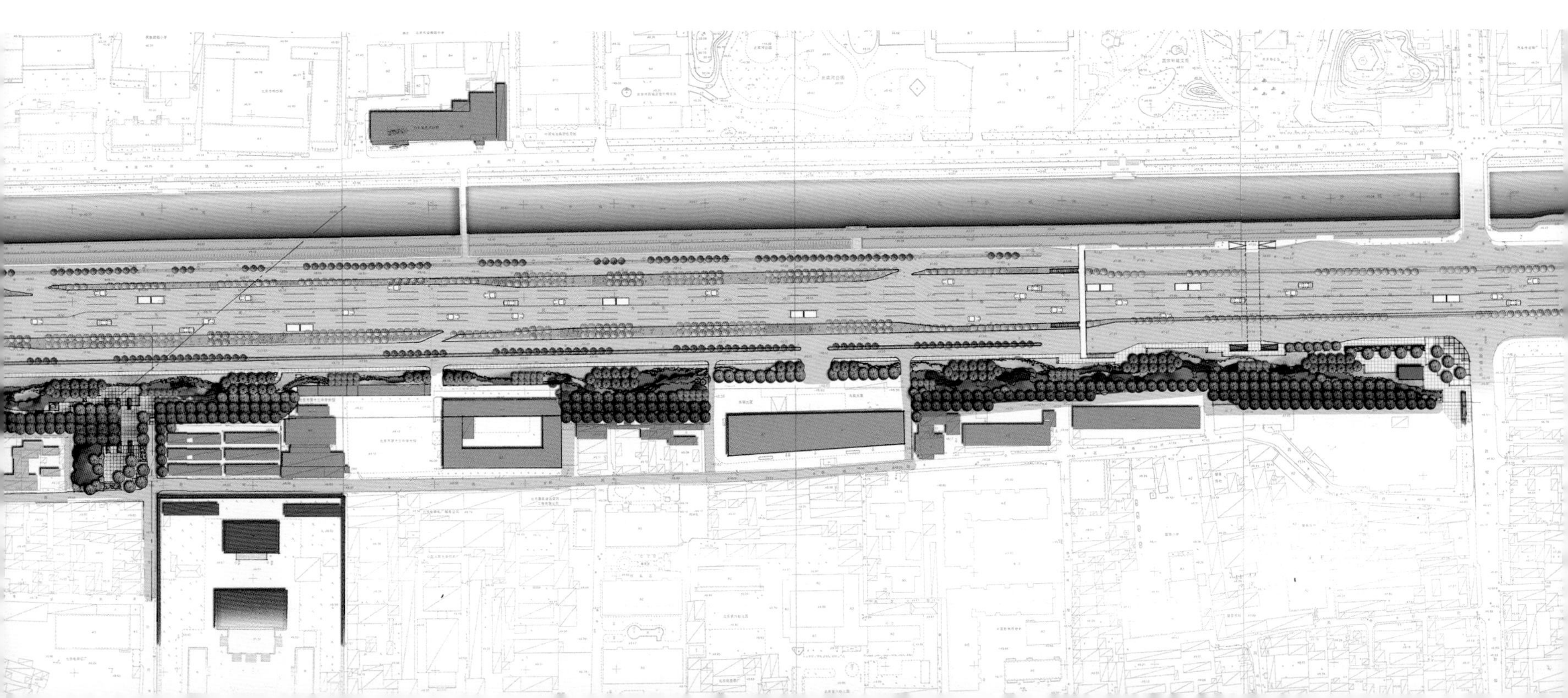

（2） 延续场地特征

1）赋予植物种植以“绿色城墙”的概念，留住人们对“城”的记忆

公园布局风格构想来源于对北京内城的记忆，提炼城墙的布局特点，点线结合，形成连续而有节奏的整体。设计中，通过分析老城墙非常有节奏的每隔 100m 有一个城台（俗称马面）的这一形态特征，用高 6m 的整齐的桧柏树阵，形成有节奏而连续的独特景观，夜晚统一用射灯照亮，与熙攘的车流对比后营造出了非常醒目且有韵律感的视觉效果。这一简洁景观符号的成功运用，在外部城市景观层面上，将整个北二环由东到西全线构成整体的联系，形成变化丰富、虚实结合的序列和独特的节奏韵律，形象地再现北京老城中城墙与城台的布局特征，唤起人们的联想和记忆。在内部以一条游览路线有机地联系各个景观空间，结合沿线的历史节点内涵的外延，使各个节点的休闲广场设计都考虑了古都风貌的保护与展示，烘托了传统和现代交相辉映的城市环境氛围。

2）选用大规格的老北京乡土树种，以强化京韵京味的植物特色

从保留树木，到新植的各种苗木，处处体现出老北京、城墙及四合院的文脉。结合修缮的古建筑和什锦墙，隔透相间，呈现安静、祥和的生活画面。又如“箭楼绮望”的老国槐，“槐荫尚武”的古紫薇树，雍和宫的白皮松，国子承贤的油松、银杏，百年以上的丝绵木，充满故事的福禄双全石榴、柿子连理树，玉兰春雨，古藤云林，仙庵古柏，棚影拾趣，楝王独木，双乔锦带，紫薇入画，硅木红花，以及 60 年的大海棠……，每种植物都讲述着一段历史，一段故事，或带来诗情画意的境界。

3）与城市开放空间相结合，体现京派新园林地方风格

最明显的是对城市景观的影响和贡献，注重了与二环各个角度的呼应关系，在北京最繁忙的、车水马龙的二环路边，形成了代表北京城的一道靓丽的绿色风景线。

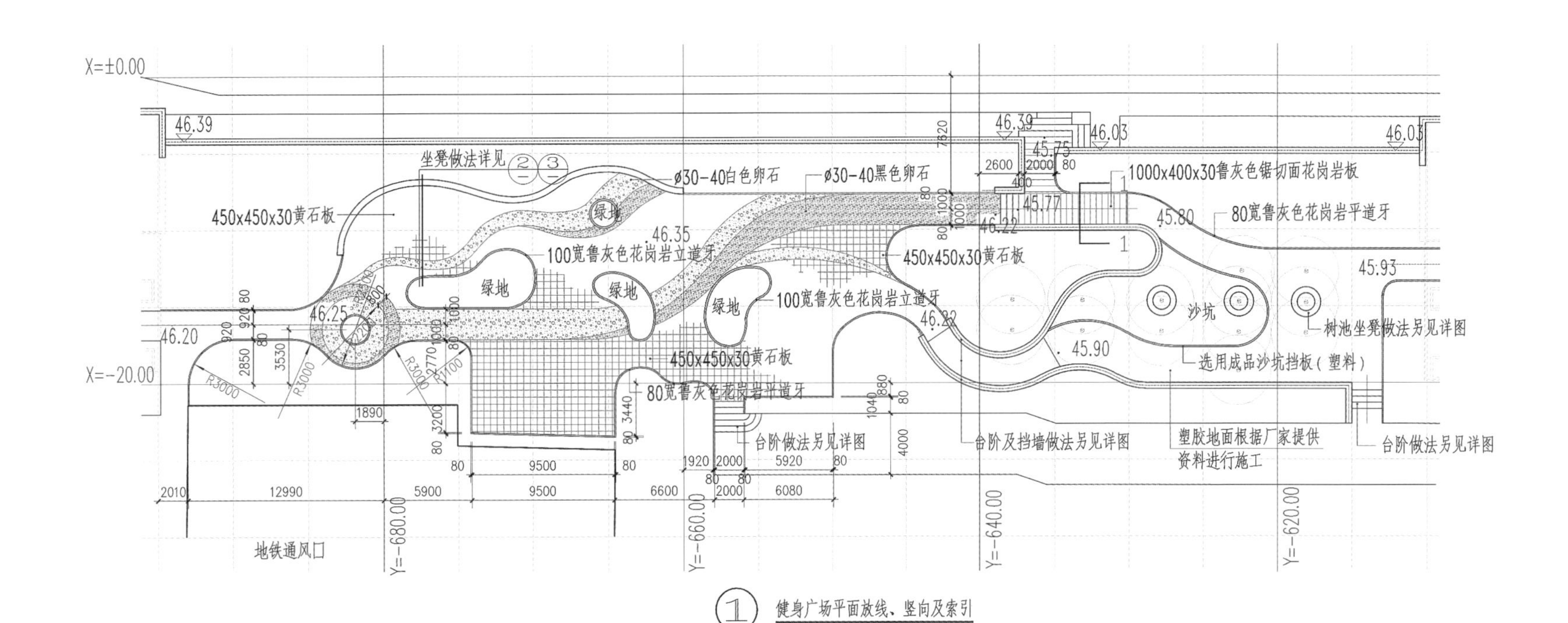

① 健身广场平面放线、竖向及索引

“司南”夜景

北二环城市公园入口实景

紫薇入画——与民居呼应

“司南”有正四方的意思，放“司南”于北京中轴线上，强调中轴子午线及“地标”作用

在一片清凉中望台上登高远眺雍和宫

二环一侧丰富的植物景观，为城市立面增添色彩

“天棚鱼缸石榴树，先生肥狗胖丫头”，旧城一隅，味道十足

望胜台第二层，喧闹二环旁提供人们休憩，
凭栏远眺德胜门的空间

结合现状大树，模仿北京四合院的平面布局，利用不同高程形成花台、休憩广场

望胜台实景及施工图

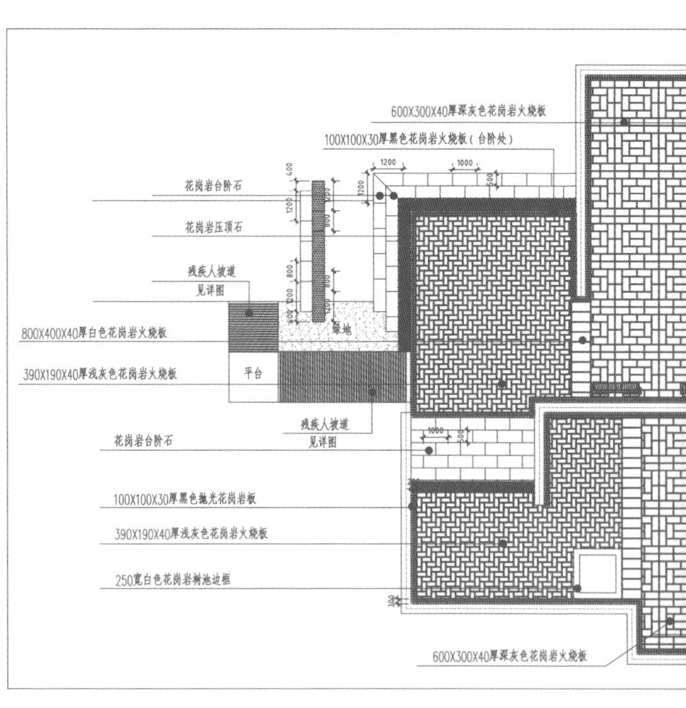

夏季繁花的大紫薇，与老槐树、千层石形成前后错落的独特景致

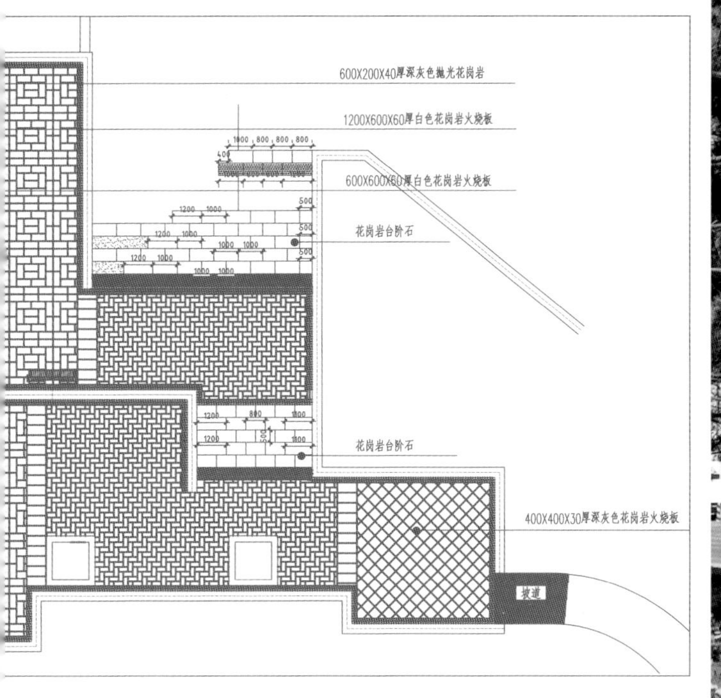

“西涯童嬉”——改造地上人防混凝土构筑物，生动活泼地反映出鼓楼地区悠然古朴的老北京民间百姓生活的场景

与关岳庙相响应，浓荫繁花中的点将台

德胜公园主入口的灵璧石

临二环路的丰富植物搭配，造景的同时为公园提高了绿色的生态屏障

望胜台与德胜门城楼遥对形成透景线，同时提供人们休憩场所

乡土树种搭配的复层种植

木轮坐凳凸显古韵

1：1模仿关岳高大殿前石鼓散置成为坐凳，寓意得胜后鼓音悠远，威风八面

现代城市开放空间的园林景观

东二环交通
商务区带状绿地

项目地点：北京东城区东二环西侧

面积\长度\宽度：6.3hm²、4.3km、7~50m

设计时间：2006 年

获得奖项：2008 年度北京园林优秀设计二等奖

我们理解在现代城市建筑文化及其形式多元化的开放空间，与之交融的景观园林也应当是现代和多元的。在设计中力求通过用线性空间把点、面串接，可以满足现代生活对公共开放空间多样性、层次性和系统性的要求。让人们走出家门，走出办公室就能融入城市花园景观中去。

项目位于北京东二环西侧，北起俄罗斯大使馆，南至建国门绿地北侧，全长 4.3km。城市公共绿化带宽度 7~50m，公共绿地面积约为 6.3hm^2。设计完成于 2006 年。

东二环作为二环路重要的一部分，是北京市重要的商务中心和交通枢纽，这里聚集着能源、科技、金融、文化传媒等 16 家现代化的总部大厦，东直门交通枢纽也坐落于此。该地区必将形成一个以东二环为轴线，总部和上下游企业为支撑，极具交通优势的新兴交通商务区。由此必将带来人流、物流、资金流、信息（知识）流的巨大积聚和流动，是离皇城最近的交通商务区，从而进一步促进北京市和东城区的经济发展、科技进步、文化繁荣、工作生活便捷，是经济发展基础雄厚，文化品位独特，公共服务齐备，融人文、历史和现代化于一体的东二环交通商务区。

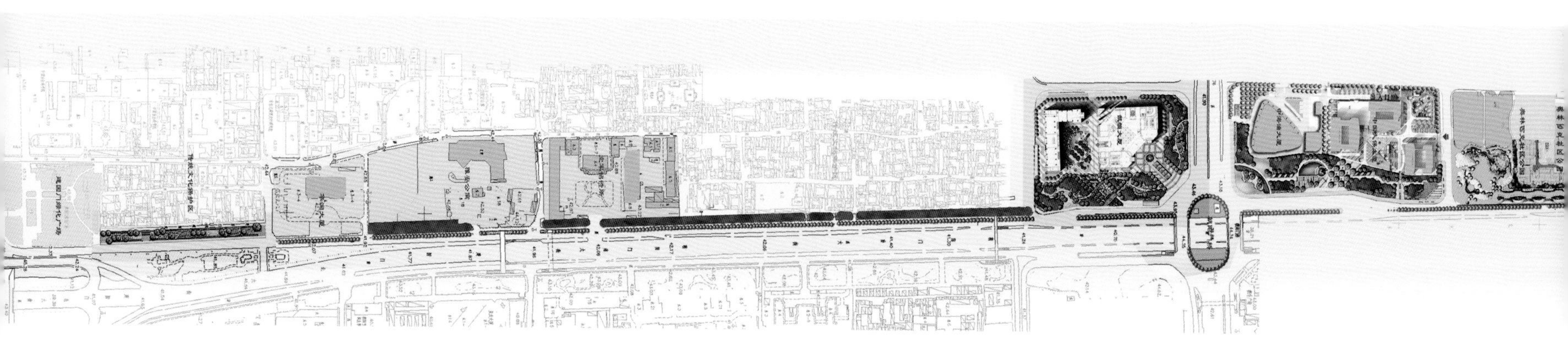

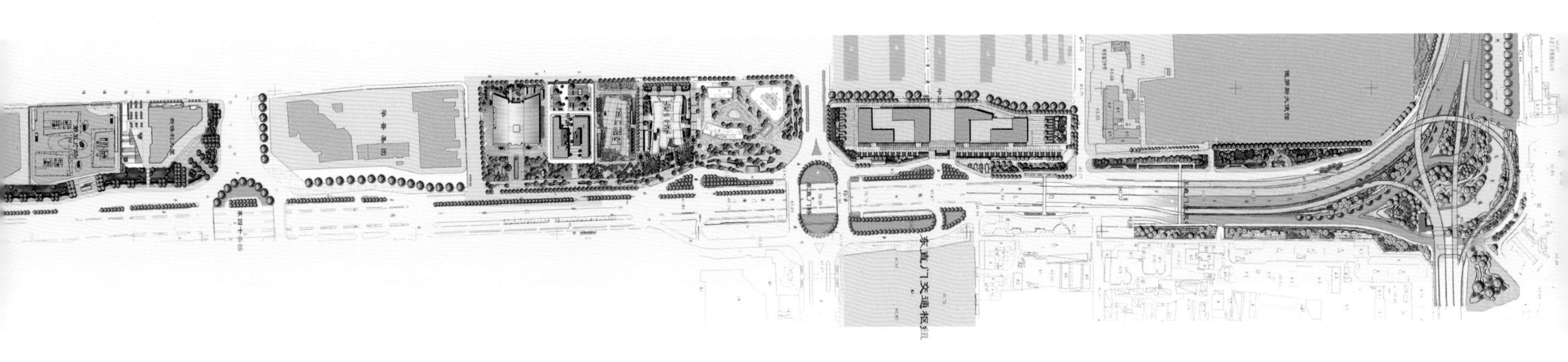

设计具体思路及策略

这个项目，时间上比西二环晚了将近8年，表现形式上与北二环相比也有不同，更多地表现了现代多元文化的交叉：水晶体、特色喷泉、符号的重叠、色彩的鲜丽，说明了时代的变化，场所的不同。

景观定位体现“时尚、现代感、国际化”。

在景观的总体风格和表现手法上，不仅要考虑整体性、统一性，还要处理各大总部红线内的个性景观与城市景观空间的整体融合。

形成绿色生态，整体统一的城市道路绿化景观，同时为各大总部营造连贯丰富、时尚鲜明的商务区景观。实现绿地为城市服务、为人服务的景观价值。

形成绿色网络结构——道路景观与城市空间节点。组团集中绿地有机串联在一起。使绿色生态、城市现代生活及历史记忆融为一体。

2008年是奥运之年，该项目为城市核心区，是机场高速进入二环城区的第一窗口，将起到展示国际化大城市新景观形象的重要作用。

一是因循历史上原有城市形制的绿色肌理，保障二环路绿色项链和迎宾线功能，结合现代城市建筑文化时尚多元，大胆地丰富现代景观园林创作手法。二是从一般传统认识上植物所具有地域场地自然优势，进一步开掘了它们的时尚美感，让乡土植物同样可以成为现代景观园林中的时尚元素。这两方面是这项设计最为重要的尝试与突破，因而具有了鲜明的景观风格。

特色景观

（1）“林泉花影”特色景观段，位于东直门桥北，中石油大厦前，绿带宽度 7~25m，突出大厦内外呼应，形成与城市道路良好的过渡。

（2）“晶岛花舞”交通商务区特色景观段，东直门桥以南至东四十条桥，仅有的 7~14m 的绿地宽度的局限，要协调高程变化和多家总部大厦的内外环境，给设计出了难题。我们尝试在设计中大胆地捕捉特色建筑语言符号，采用立体几何构成地形竖向骨架，利用西侧日照充足的优势，植物造景，通过艺术创新的表现手法,使诸多本不兼容或场地本身所具有的劣势，得以化解并形成鲜明的特色景观。以跃动的符号和色彩展示城市和商务区的活力。

（3）“绿荫花阶”特色景观段，东四十条新保利南至东四奥林匹克社区，绿带宽度 15~20m，利用高差，形成台地式、林荫花带的立体绿化，为城市增加简洁明快的线条与色彩。该地段以突出绿量和植物花卉景观见长，沿街绿化在统一中的变化，突出了纵向尺度的规模与韵律。在人视点高度，绿地空间层次具有的活泼变化与建筑空间相互协调。个性小品与建筑风格也能彼此呼应。

（4）“花林新宇”集中组团绿地，城市景观节点，城市花园特色景观段，朝阳门桥南北两侧，绿带宽度 20~50m，增加为行人服务的道路、场地，增加空间层次变化，注重红线内外园林景观空间的联系渗透，开辟视线走廊，把优美的景观展示给城市。成为东二环一片难得的城市花园。

（5）“古城槐荫”古城保护特色景观段，建国门绿地北侧绿地宽度 15m，突出城市传统文化体现与保护，结合城市健身活动功能，为城市居民服务。

小结

东二环交通商务区景观是面向城市的核心区景观园林。景观园林是一个充满争议的领域，一切都在变化发展中。继承、发展、创新、生态、可持续性是现代景观设计中共同关注的问题。在面向城市的开放空间景观任务中，景观园林设计成为城市面貌的重要组成部分。

现代景观园林与现代城市空间、现代建筑成为整体，景观园林要符合现代城市空间的需要，呼应和保持与总体规划的一致性，以多元的景观形态应对多元的地域文化特征，成为创造适合于现代人需要的，为现代社会发展服务的现代园林。

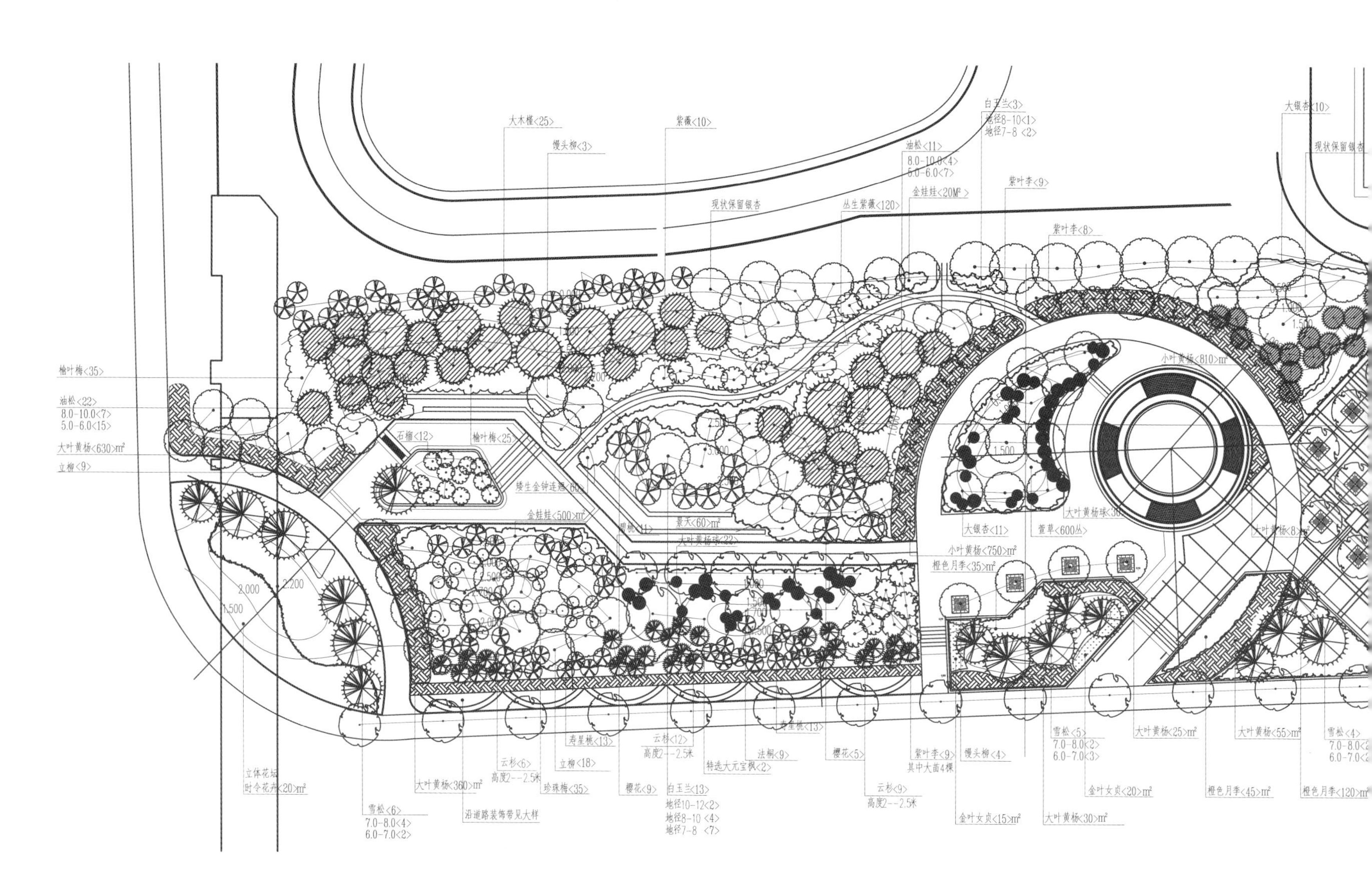
大木槿<25>
紫薇<10>
馒头柳<3>
白玉兰<3>
地径8-10<1>
地径7-8 <2>
大银杏<10>
现状保留银杏
油松<11>
8.0-10.0<4>
5.0-6.0<7>
金娃娃<20M²>
紫叶李<9>
现状保留银杏
丛生紫薇<120>
紫叶李<8>
榆叶梅<35>
油松<22>
8.0-10.0<7>
5.0-6.0<15>
大叶黄杨<630>m²
立柳<9>
石榴<12>
榆叶梅<25>
矮生金钟连翘<60>
金娃娃<500>m²
景天<60>m²
大叶黄杨球<22>
小叶黄杨<810>m²
大叶黄杨<30>
大银杏<11>
萱草<600丛>
小叶黄杨<750>m²
橙色月季<35>m²
立体花坛
时令花卉<20>m²
大叶黄杨<360>m²
云杉<6>
高度2--2.5米
寿星桃<13>
立柳<18>
珍珠梅<35>
云杉<12>
高度2--2.5米
樱花<9>
白玉兰<13>
地径10-12<2>
地径8-10 <4>
地径7-8 <7>
特选大元宝枫<2>
法桐<9>
寿星桃<13>
樱花<5>
云杉<9>
高度2--2.5米
紫叶李<9>
其中大苗4棵
馒头柳<4>
金叶女贞<15>m²
雪松<5>
7.0-8.0<2>
6.0-7.0<3>
大叶黄杨<30>m²
金叶女贞<20>m²
大叶黄杨<25>m²
大叶黄杨<55>m²
橙色月季<45>m²
雪松<4>
橙色月季<120>m²
雪松<6>
7.0-8.0<4>
6.0-7.0<2>
沿道路装饰带见大样

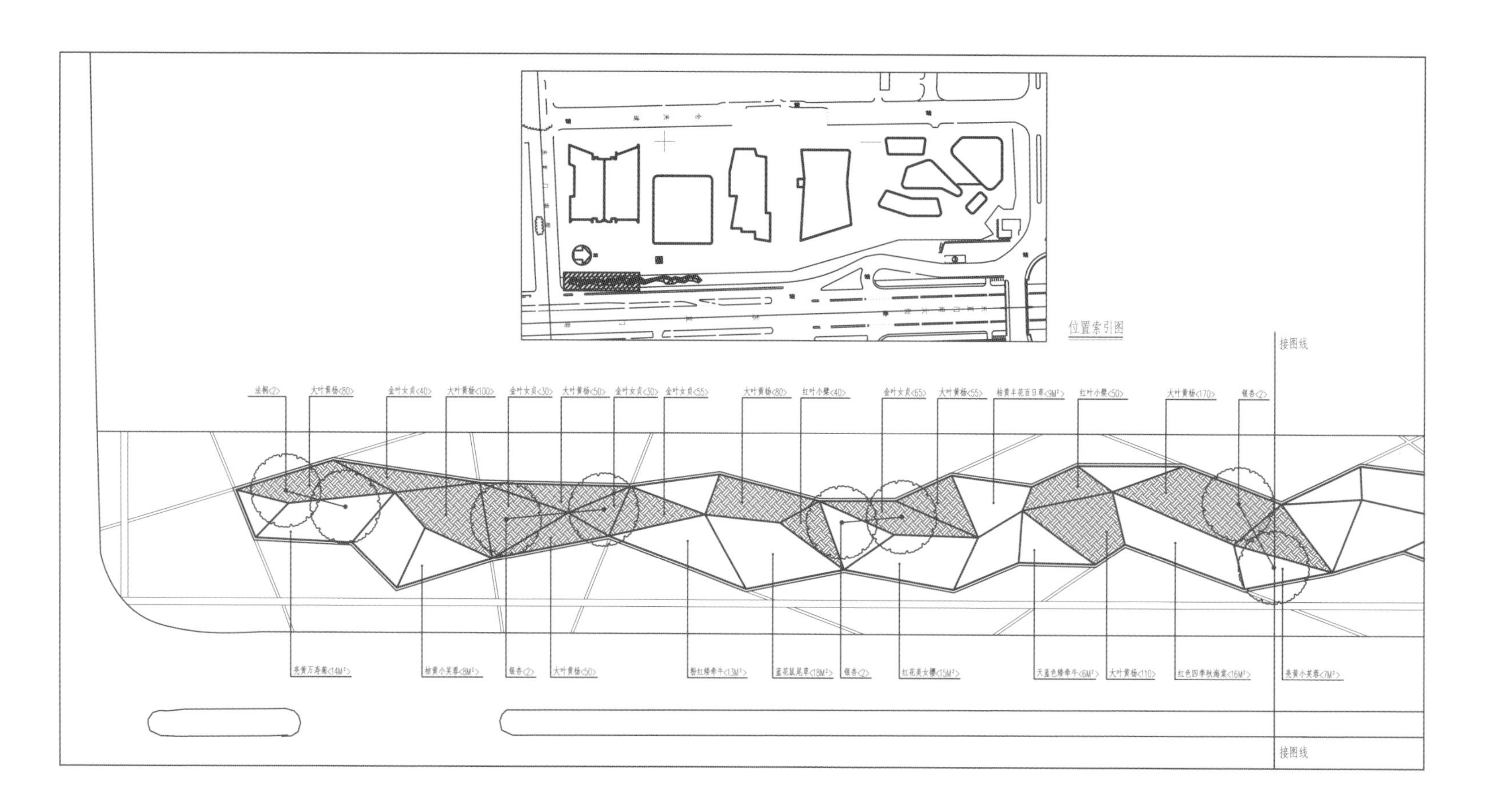
位置索引图
接图线
接图线

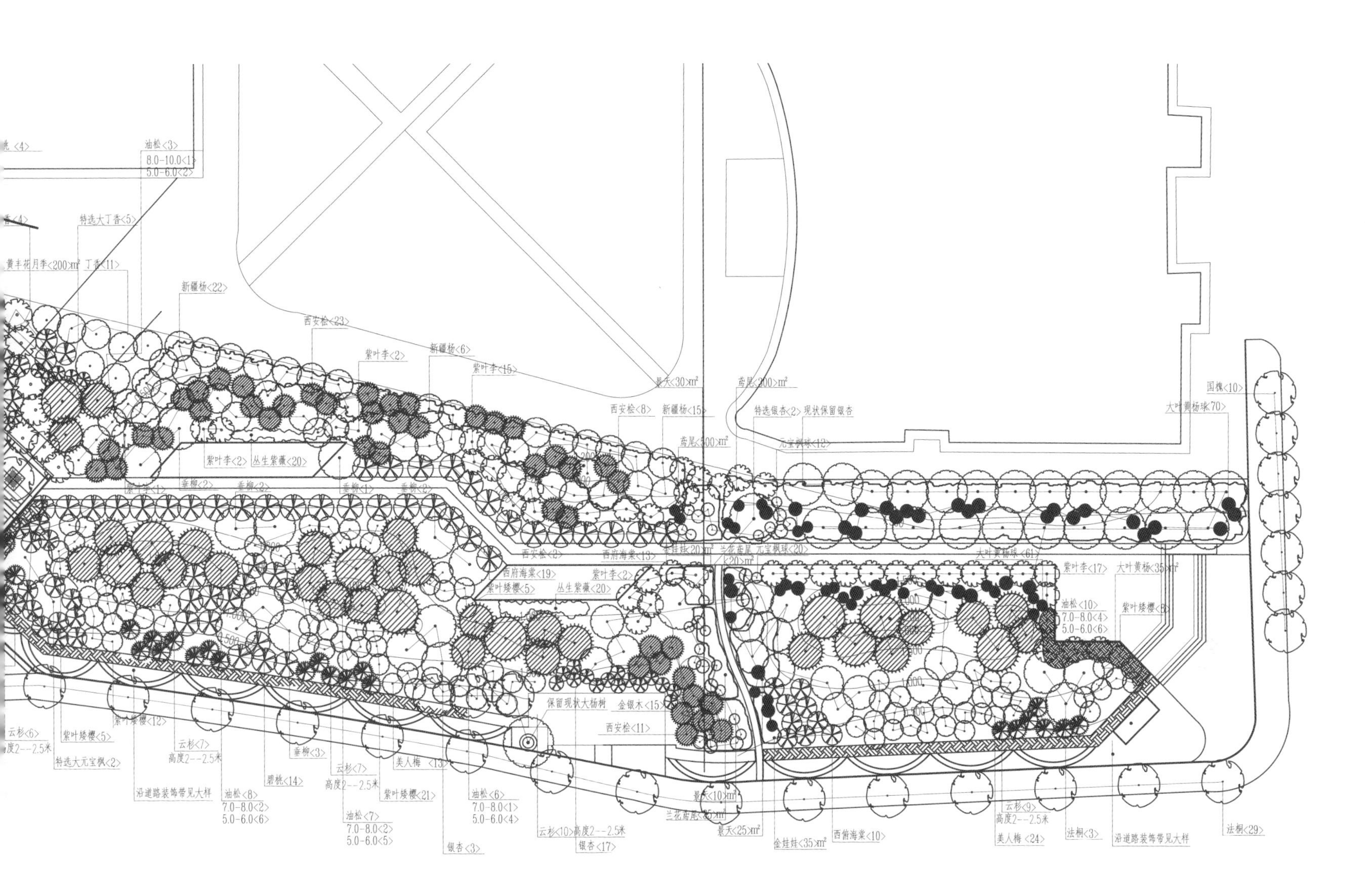
油松<3>
8.0-10.0<1>
5.0-6.0<2>
特选大丁香<5>
丁香<11>
新疆杨<22>
西安桧<23>
紫叶李<2>
新疆杨<6>
紫叶李<15>
景天<30>m²
鸢尾<300>m²
西安桧<8>
新疆杨<15>
特选银杏<2>
现状保留银杏
鸢尾<300>m²
国槐<10>
大叶黄杨球<70>
紫叶李<2>
丛生紫薇<20>
西安桧<2>
西府海棠<13>
西府海棠<19>
紫叶李<2>
紫叶矮樱<5>
丛生紫薇<20>
紫叶李<17>
大叶黄杨<35>m²
油松<10>
7.0-8.0<4>
5.0-6.0<6>
紫叶矮樱<8>
保留现状大杨树
金银木<15>
西安桧<11>
云杉<6>
紫叶矮樱<5>
紫叶矮樱<12>
云杉<7>
高度2--2.5米
特选大元宝枫<2>
沿道路装饰带见大样
油松<8>
7.0-8.0<2>
5.0-6.0<6>
碧桃<14>
垂柳<3>
云杉<7>
高度2--2.5米
美人梅<13>
紫叶矮樱<21>
油松<7>
7.0-8.0<2>
5.0-6.0<5>
油松<6>
7.0-8.0<1>
5.0-6.0<4>
银杏<3>
云杉<10>
高度2--2.5米
银杏<17>
景天<10>m²
景天<25>m²
金娃娃<35>m²
西府海棠<10>
云杉<9>
高度2--2.5米
美人梅<24>
法桐<3>
沿道路装饰带见大样
法桐<29>

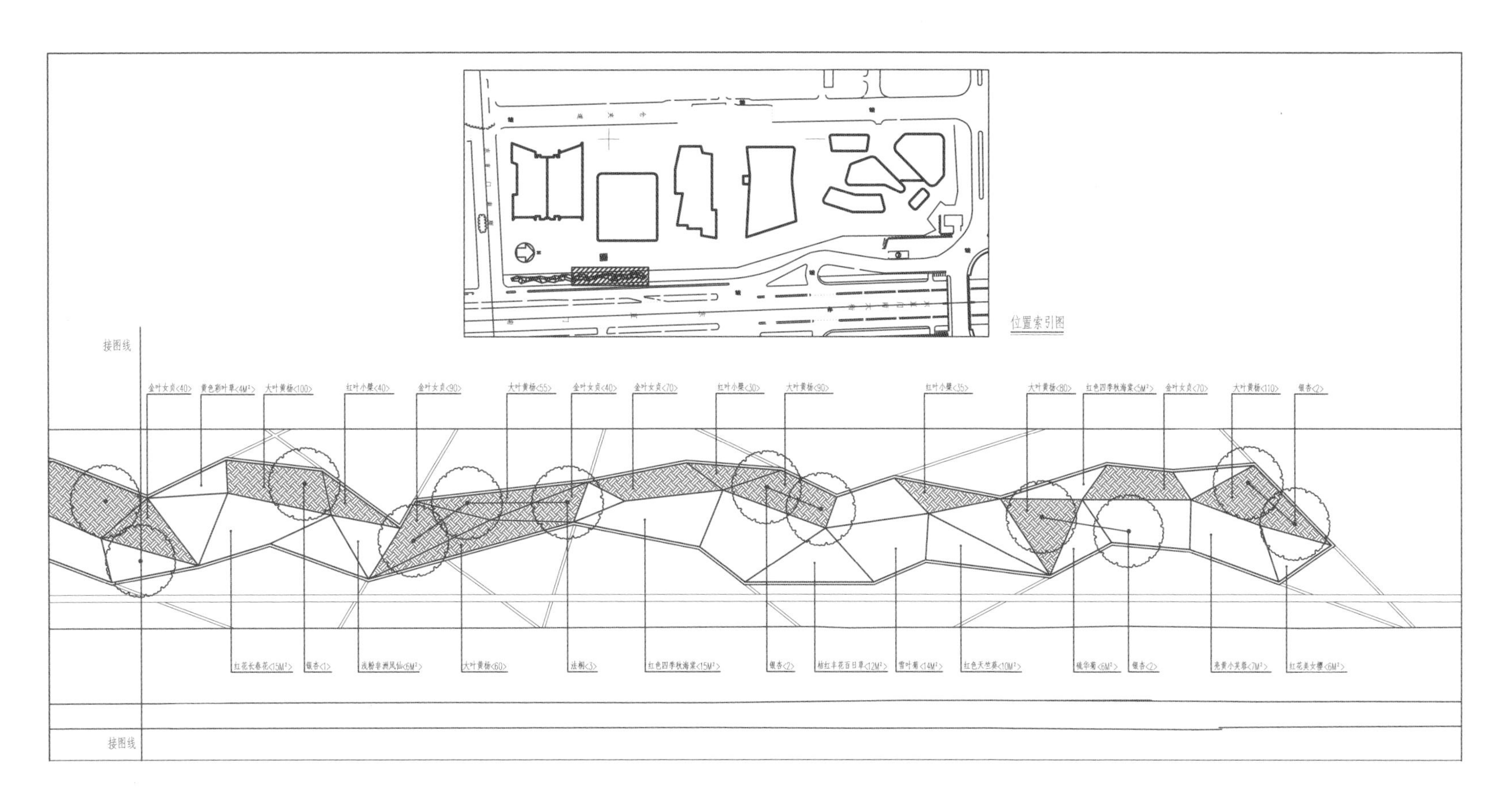
位置索引图
接图线
接图线

天安门脚下的经典与时尚

菖蒲河公园

项目地点：北京市东城区

用地面积：$5hm^2$

设计时间：2002 年

获得奖项：2002 年首都绿化美化优秀设计奖、2002 年北京园林优秀设计一等奖、2005 年北京市规划委员会设计一等奖、中国人居环境范例奖菖蒲河公园的建设属于原皇城内部的环境改造，它的文化品位更高，历史感更强，地位更重要。公园设计妥善处理了与周边历史环境的关系，使公园各景点与红墙、劳动人民文化宫和欧美同学会等文物古迹融合成为一个有机整体。在延续历史文脉的同时，实现了古朴与现代的相交融。

1. 特殊的位置

菖蒲河原名外金水河，源自皇城西苑中海，从天安门城楼前向东沿皇城南端流过，汇入御河。明代成为皇城内的一条河道，因长满菖蒲而得名。由于历史的原因，数百年的变迁，一条自然美丽的河道被封盖，仓库、民房、狭窄的街巷，恶劣的环境,与所在区位极不相称。在北京历史文化名城保护规划中，属于应恢复的古河道。

整个公园位于北京皇城风貌保护区内，具有丰富的历史文化底蕴。这里曾经是明代皇城内“东苑”的南端，是一处富于天然情趣，以水景取胜的皇家园林。皇帝常于此观看“击球射柳”之戏。因此它既是一条历史文脉河,又是一条城市景观河。

2. 定位

我们将公园定位于：恢复河道景观，强调与周边历史景点及北侧大宅院相互融合、渗透的一座新园林。它将是一项促进古城核心区有机更新的、探索性的项目，是一次体现京城河系特色，在继承传统基础上的创新，追求文化品位的有益尝试。

3. 对策

菖蒲河公园规划面积约 5hm^2，河道全长 510m，在这样一个狭长的带状空间里，由东到西贯穿全线的主景是菖蒲河和红墙。人们通过欣赏和体会这些历史遗存而引发怀古幽情。除了这两条主线外，我们以现代的造园手法和节奏，设计了各种体验、不同标高的休闲节点和游览路线，形成多视点、多层次的观赏点，使人们可多方位地感知公园的内外景色，让人们去深入了解，去享受自然、历史、文化和现代生活带来的愉悦。

4. 特点

公园设计力求体现出一种延续、协调与再生的良好关系，在尊重场地的历史文脉的基础上，结合现代的设计手法，通过反复地引导和体验，使公园在有限的空间内显得景观丰富、步移景异、美不胜收，体现为以下几个特点：

（1） 修缮并保护文物和历史遗存，再现历史信息

南北两侧的红墙、古河道、涵洞等，以原真性为原则，唤起人们对历史的回忆。

（2） 尊重和延续这一地区的文化

菖蒲河原有的文化特点是为皇家休闲娱乐服务的场所，设计延续了这一特点；将服务对象变为市民百姓，同时象征性再现原有的景点，如天妃闸、凌虚亭、飞虹桥等，置巨松，点奇石，环花卉，彰显出场地原有的皇家园林特征。

（3） 丰富和增强本地区的使用功能及活力

以现代人的行为规律为设计空间尺度，设置各种的休闲广场和亲水平台，为大众服务，营建“大宅门”风格的皇城博物馆及商业建筑群，使古老的街区焕发新的活力。

（4） 改善区域内的生态环境

重现河系景观，通过净化系统，彻底提升了水质，种植丰富水生植物；同时保留了60余株大垂柳，与新植的各种植物共同成景，将各个景点掩映其间，相映成趣。

（5） 充实了天安门地区至皇城遗址公园之间的绿色文化景点

形成了本地区新的旅游热点，分散了长安街及天安门地区的游客人流。

“菖蒲如画、古韵新风”，最终形成了这座镶嵌于皇城核心区，融入周边历史重要景点，尊重历史，自然朴野，满足现代人生活和文化追求的新园林。

升腾
飞虹桥
涵洞
龙凤石
红墙怀古
古砚
曲桥
菖蒲逢春
地铁通风口
南池子大街

以古韵浓郁各种形式的桥将两岸美景相连，同时又互为借景，丰富了景观层次，步移景异，美不胜收

多种植物所营造的宜人尺度的小空间

角隅中也体现京风京韵

五岳独尊灵璧奇石

玉兰与竹将建筑掩映，同时红柱与绿植、白花又体现了皇家经典的颜色搭配

富有文化品位的特色雕塑——宫扇

富有文化品位的特色雕塑——太师椅

保护与利用双赢

元大都城垣遗址公园

项目地点：北京市朝阳区

用地面积：113hm^2

设计时间：2003 年

获得奖项：2004 年度北京园林优秀设计一等奖、2004 年度建设部中国人居环境范例奖

今天残存的土城遗址，是中国古代建筑史上辉煌的一页。因此，土城遗址保护、改善生态环境、彰显历史文化是元大都城垣遗址公园设计着力表现的三个重要方面。

遗址公园是一种特殊的公园类型，它不同于文物保护区和城市主题公园，而是以保护遗址本体和遗址所处自然、人文与环境为目的，同时利用其潜在的文化内涵价值而建造的具有特定文化意境的公共开放绿地。

遗址与公园的关系

对遗址公园的认识首先应理清“遗址”和“公园”的关系，应明确遗址是内容核心和本质特色，而公园是整合与再生的形式手段，二者主次分明，统一为一个整体。遗址不能与其所见证的历史兴衰的环境所分离；而公园作为遗址的外环境，是相互依存、相辅相成的；同时又是遗址本体文化得以外延的空间，增加了对公众的吸引力，也更适于人们参观游览和休闲。

（1） 概况

元大都土城始建于 1267 年，历时 9 年竣工，距今 740 余年，是当时世界上宏伟、壮丽的城市之一。元代土城能遗存至今，是因为明代建都时为了便于防守，将元大都城空旷的北部废弃，南缩 2.5km，在今德胜门一线重筑新城，被遗废的北城逐渐荒废坍塌，护城河道堵塞。土城公园于 1957 年被列为市文物古迹保护单位，并于 20 世纪 80 年代开始规划设计形成了初步的绿化格局。

（2） 地理位置及前期准备

元大都城垣遗址公园东西全长 9km，分跨朝阳和海淀两大区，宽 130~160m 不等，总占地面积约 113hm^2，是京城最大的带状休闲公园。小月河（旧称土城沟）宽 15m，贯穿始终，将绿带分为南北两部分。改造前的现状虽有一些园林景点，像蓟门烟树、紫薇入画、海棠花溪、大都茗香等。但整体水平杂乱无序，环境脏乱，作为奥运景观工程的重要组成部分，亟待改善。

方案首先分别由两个区各自进行了招标，由于可操作性和深度不够等原因，没有评出一等奖。而后，两个区同时委托我公司进行重新调整深化直至完成。我们接手后，最关键的问题是强调它的统一性和连续性，由于是两个区分段管理，各自施工，前方案又是各区自行分段招标，难免各有偏重和雷同，缺乏整体的协调呼应。重新调整的方案，将两段土城统一规划，以新的设计理念规划空间结构，使整体脉络简洁、清晰，并于 2003 年 2 月通过市长办公会，定于同年 9 月完工。

保护与利用的双赢

时代在变迁，无论是历史与自然环境，还是社会与经济环境都发生了巨大的变化，设计的关键是在保护遗址与满足社会和公众需求之间找到恰当的结合点，使遗址得以再生，获得“第二次生命”。它应该是在基于遗址本体及环境文化形象的延续和展示，保护最终目的也是为了利用好这些宝贵的遗址，使这些遗产成为我们现代生活的一部分，为社会服务。

公园作为北京奥运景观工程的一个重要组成部分，是集历史遗址保护、市民休闲游憩、改善生态环境于一体的大型开放式带状城市公园。

公园的三条主线为土城遗址、绿色景观及文化休闲，并由5个重要节点（即蓟门烟树、银波得月、古城新韵、大都鼎盛及龙泽鱼跃）组成。点线结合，景点设计因地而异，穿插其间，主次分明，使土城遗址、文化景点与城市的关系得到了融合。

（1）保护和整修遗存的土城遗址，实现传统文化遗产应有的社会价值

土城作为元代历史的重要遗存，很少被现代人认识和重视，主要没有得到应有的尊重，长期的取土、坍塌、践踏，使昔日雄浑的土城面目全非，与普通的土山没什么区别。所以首先应提高人们保护和尊重文物的意识，我们请文物部门划定了文物保护线并钉桩，勾画出土城基本位置的痕迹，在保护范围内，我们设计了围栏、台阶、木栈道、木平台及合理的穿行、参观需要的交通路线，避免了继续踩踏土城，并普遍植草，起到了固土、防尘作用，并在坍塌的地方做断面展示及文字说明，整修的重要节点为蓟门烟树、水关及角楼遗址等。

（2）绿色景观这条线包含了两部分内容：亲水景观和植物景观的设计

改造护城河，创造亲水环境。现在的小月河又称土城沟，其位置是原来的土城护城河。史料记载当时的护城河宽窄不一、深浅不一，新中国成立后被改为钢筋混凝土驳岸，并作为城市的排污河，完全失去了自然感。本次结合截污工程，全力恢复原有的野趣及亲水的感觉，先将原来的河岸降低，形成斜坡绿化，同时结合景点设计将河道局部加宽，并种植芦苇、菖蒲等水生植物，形成朴野的自然景观，加宽的局部也可作为码头全线通船。另外，在全线设了多处临水平台和休息广场。

利用带状空间特点，强调植物大景观，改善城市密集区的生态环境。土城公园是市级绿化隔离带，是一条绿色的屏障，同时作为城市的开放空间，与城市又有9km长的界面，形成了重要的城市流动空间的景观。强化植物的色彩和季相变化是最好的表现方式。代表作“海棠花溪”已成为京城著名赏花节，在全线利用带状绿地的优势，大尺度、大空间、成片成带，形成色彩变化的植物大景观有:城台叠翠、杏花春雨、蓟草芬菲、紫薇入画、海棠花溪、城垣秋色等。

（3）结合大众休闲，普及和提升元代文化的感染力

在尊重历史、保护和延续遗址的同时，不应脱离现实生活，应尊重和满足现实文化生活的需要，如果忽视了利用，就会淡薄人们对这段历史的关心。因此我们在设计时，除了表达了这片土地固有的文化记忆外，还应适当加以引申和补充，使人们从中得到感染和启发。

已经遗存七百余年的土城一直未引起人们的重视，原因之一是它与最初 16m 高时的形象已相差甚远，现状多为 3~5m 的土山，再加上树枝掩遮，感觉非常平淡，缺乏视觉冲击力，很难再感受到土城昔日的辉煌。因此，我们在设计中，特别是在竖向景观的处理时，利用雕塑、壁画、城台及各类小品等形象语言，以局部竖向吸引人的视线来打破整体连绵数公里平淡的土城，产生兴奋点。我们设计了与土城气势相同的带状巨型雕塑群，其创意是感觉群雕犹如从土城中生长出来一样，雕塑风格粗犷有力，质朴自然，材料选用近似黄土的黄花岗及黄砂岩，以期与土城融为一体。这类大型景点在海淀、朝阳各一处，分别都位于两区绿化队拆迁后的空地上，主题为“大都建典”和“大都鼎盛”，试图以“露天博物馆”的形式，全面反映元朝在各项领域呈现的特点。

马面广场——现代古韵雕塑

双都巡幸景区

体会

遗址公园是一种约束性很强的设计类型，我们应以一种更谦逊的态度来对待它。设计者应懂得“为了遗址，学会放弃”，文物部门应“为了大众，学会接纳”，这样才能找到和谐的、可持续的平衡点。使遗址与公园构成的整体历史环境特性得以延续，并与它的历史景观的真实性相吻合。

元大都遗址公园，是城市大体量文物局部展示性保护的范例，依托遗址形成了带状公园，突出植物绿化，穿插水景广场、艺术小品，体现了城墙遗址的历史文化主题，强调其空间的阅读性，重新认识，建立起与历史延续的记忆空间。既是“活的记忆”，又是满足社会与大众休闲的综合公园。

本次的整治使人文景观和生态环境都得到了全面提升，最直接地提高了元代土城和元代文化的影响力，是北京出现了第一个系统体现元代文化的遗址公园，使北京园林由体现明清的文化风格形制，向前推进了 100 年，成了元明清的北京园林格局。

雕塑广场

鞍缰盛世景区——草原风光

水关新意植物景观

CBD 旁的新亮点

通惠河庆丰公园

项目地点：北京市朝阳区

用地面积：26.7hm^2

设计时间：2009 年

获得奖项：2010 年度北京市园林优秀设计一等奖

在有历史遗迹的场所作设计时，需要更全面而深刻地认识和理解这个场地的精神特质，结合新的理念和方法,再生城市景观的空间情景和意境,赋予场地新的活力。充分挖掘、保留和传承有地域特色的元素，是现代景观园林设计师的责任。

在当前的文化背景下，“传承中创新”已成为全社会的文化共识，而如何恰如其分地表达，不仅需要我们不断的探索和完善，更需要用实践去检验和丰富理论的合理性。庆丰公园的设计，在遵循场地的历史文化线索及各种有形或无形的立地条件的同时，以开放的视野和多元的手法，塑造出具有文化特质的空间和新的景观形象，使这一滞后地段重新成为融入城市的有机体。

项目概况

通惠河庆丰公园，以闻名于世的庆丰闸而得名，位于通惠河的西段，东三环国贸桥的两侧，与闻名的北京中央商务区CBD隔河相望。全长约1700m，宽70~260m，分为东、西两园，面积26.7hm^2。改造前是离京城最近的、脏乱不堪的“城中村”，与河北岸高楼林立、国际高端企业云集的CBD极不相符。

场地的过去

1293年秋，元世祖忽必烈从上京归来，看到无数船只停泊码头，船帆遮天蔽日，极为壮观，遂赐名“通惠河”。从此，它成了大都城的一条生命河，各类物资源源不断被输入北京，带动了周边的繁华，这里当年最出名的就是二闸，即庆丰闸。清末以后，随着运输功能的减弱，因景色优美，这里成为京城百姓和文人墨客踏青聚会的公共水上游览地，著名作家沈从文先生曾写过散文《游二闸》。到了1956年，通惠河全部做了混凝土硬化，形成了深槽式的河床结构，成了城区最主要的一条排洪河道，周边也开始私搭乱建，成为拥挤杂乱的城中村，往昔的风景与繁华也荡然无存，但数百年积淀下的遗迹与传说，形成了独具特色的通惠河文化。

3.

设计定位

公园正好处在一个传统与现代的交汇点，中间是 800 年历史的漕运河道和众多的文化遗迹，而对面是代表着首都国际化大都市形象的摩天大厦，如建外 SOHO、银泰中心、北京电视台等，此岸城、彼岸景，地理位置极为独特。

由于城市的发展建设已使场地周边发生了翻天覆地的变化，已不可能回到从前“北方秦淮”的景象，设计也不能回到以前的单一功能和传统风格的布局，它已经从漕运河道成了现在 CBD 的后花园。我们应该以开放的视野，通过有机更新，将其融入新的城市风貌和新的城市肌理之中。

因此，它成为传承历史文脉，彰显现代都市景观，突出绿色生态，满足大众休闲等多种功能的现代风格的城市滨水开放空间，我们希望通过恢复庆丰闸地区独特的文化氛围和文化空间，使其重拾“公共游览地”这一历史角色，再次成为市民钟爱的聚会和休闲场所。

景观空间结构

公园依场地的特质分为两个不同氛围的景区空间：北部临河的滨水景观区和南部的自然休闲区，中间以一条蜿蜒的水溪和自然起伏的山丘形成分隔与过渡。

(1) 滨水景观区

滨水景观区是呼应北岸 CBD 的、临河南侧的 40m 区域。首先将原来的第二道 5m 高的混凝土挡墙拆除，恢复被阻断了的河道与城市、河道与人的交流和联系，形成了 3 层错台式滨水活动空间，视线开阔，使人们可在不同高度的平台上亲水、望水和远眺对岸城市风景，突出看与被看的互动体验。

所有的景点及广场设计，处处动感地体现出与对岸 CBD 的各条景观轴线的延续与呼应，特别是波浪形的大通帆涌广场和高 10m 的新城绮望观景台两处主要节点，所对应的分别是对岸航空集团花园轴线及 CBD 中央公园的轴线。沿滨水步道每隔 45m，设一个船形眺望台，形成醒目整齐的系列景观，可近观漕运河道，感受昔日繁华；远望都市新景，如一幅都市蜃楼的长卷图画，体会古今交汇，感受时代变迁。

(2) 自然休闲区

为呼应周边的多个居住区，公园南侧以体现绿色植物景观为主，为市民休闲提供天然的绿谷氧吧。恢复昔日“无限幽栖意，啼鸟自含春”的宁静朴野的环境气氛，营建山谷水溪，环绕丰富的自然景致。一条跌水花溪串联三个花谷，分别为樱花谷、海棠谷和丁香谷，“清流萦碧，杂树连青”。沿溪设京畿秦淮、二闸诗廊等多个文化景点，使人们在放松身心的同时，体会当年川晴烟雨似江南般如画的景致。

5.

节点塑造

以尊重场地的历史性为原则，沿着明确的文化主线，将通惠河文化中有形或无形的景观元素加以提炼，综合运用“再现与抽象”、“隐喻与象征”、“对比与融合”等手法，塑造出独具场地气质的文化空间和景观小品，激发了游人与场地间的历史记忆和情感纽带。

（1） 突出以“船和帆”为母题

“舳舻蔽水，帆樯林立”是当年通惠河留给人的印象，在清代《通惠河漕运图》和《潞河督运图》中也都有所体现，因此，提炼船和帆为设计母题，经艺术化抽象后，以现代的材料和新颖的造型，形成本公园独具魅力的景观小品，如波浪形的大通帆涌广场、船形眺望台、各种船形花坛组合、群帆雕塑、帆型灯等，形成统一的具有视觉冲击力的标志性形象，使公园不仅成为一个生态的场所，同时也是精神和艺术的家园。

（2） 点缀文化景点

结合公园的总体布局，点缀和展示体现通惠文化的景点，如京畿秦淮、大通帆涌、庆丰古闸、文槐忆故、二闸诗廊等。首先提升庆丰古闸的历史遗址的展示功能，通过《二闸修禊图》和修建史，图文并茂地了解这段已经逝去的历史。

（3） 提倡景观多样

公园的两大景区体现了两种不同的风格，呈现出了多样化的景观形式。滨水景观区的现代风格与对岸现代化的城市肌理和风格相协调，是开敞的、简洁的气氛，硬质景观是几何形的规则构图形式，追求大尺度、明快，植物则以色块和带状树阵为主。而南部的自然休闲区则是几道山谷围合出的，相对封闭体现自然、宁静、轻松的氛围，硬质材料是朴野风格的青石板，卵石和大量荒料石的组合，植物也是群落式的自然种植，苇草掩映，垂柳疏杨，体现出了丰富多彩的季相变化。

建成评价

北京通惠河庆丰公园是“新中式”园林的一次有益实践，于2009年9月建成，将这一滞后混杂的片区改造成为融入城市的新的有机体，得到群众、专家、业主方的一致好评，而且成为代表新北京形象的外景地，多个影视作品在此拍摄。

结 语

城市因水而生，因水而兴，滨水地区从来都是城市最活跃的地带。本项目不是单一的景观工程，而是与城市开发、城市经济、社会生活等方面密不可分的综合体。通过设计，赋予了城市新的内涵和新的功能，同时又唤起了人们对数百年来奔流不息的古河道悠久历史的记忆，使这一地区重获新生，又成了一个充满活力，吸引人关注的地方。公园的建成实现了现代商务与历史文化、自然生态的完美结合，重塑了城市形象，是对北京核心经济圈的投资环境的优化和有力补充，随着新一轮 CBD 东扩方案的确定，必将加快实现规划中的“一河十园”的景观建设，在不久的将来，为北京增加一条横贯东西的靓丽的文化景观带。

中航工业
AVIC

城市开放空间的新景观

中关村广场景观设计

项目地点：北京市海淀区
用地面积：45hm^2
设计时间：1996~1998 年

中关村广场科技园设计于 1996~1998 年。甲方作为现代科技精英的代表，对环境有着自己的想象与追求，他们说，我们要的是景观，不是园林。这个场所中，不仅有屋顶花园、台地，还有与建筑环境和现代科技相匹配的城市广场。通俗意义上公园的概念已经不能概括这里所要设计的内容。应该说，“景观”这个词可以表达现代城市环境空间的概念，更加清晰地表达了社会需求，也概括了园林内部空间和城市开放空间的协调统一。我们认为，中关村广场不在于设计，而在于理念。这是一种观念的创新。

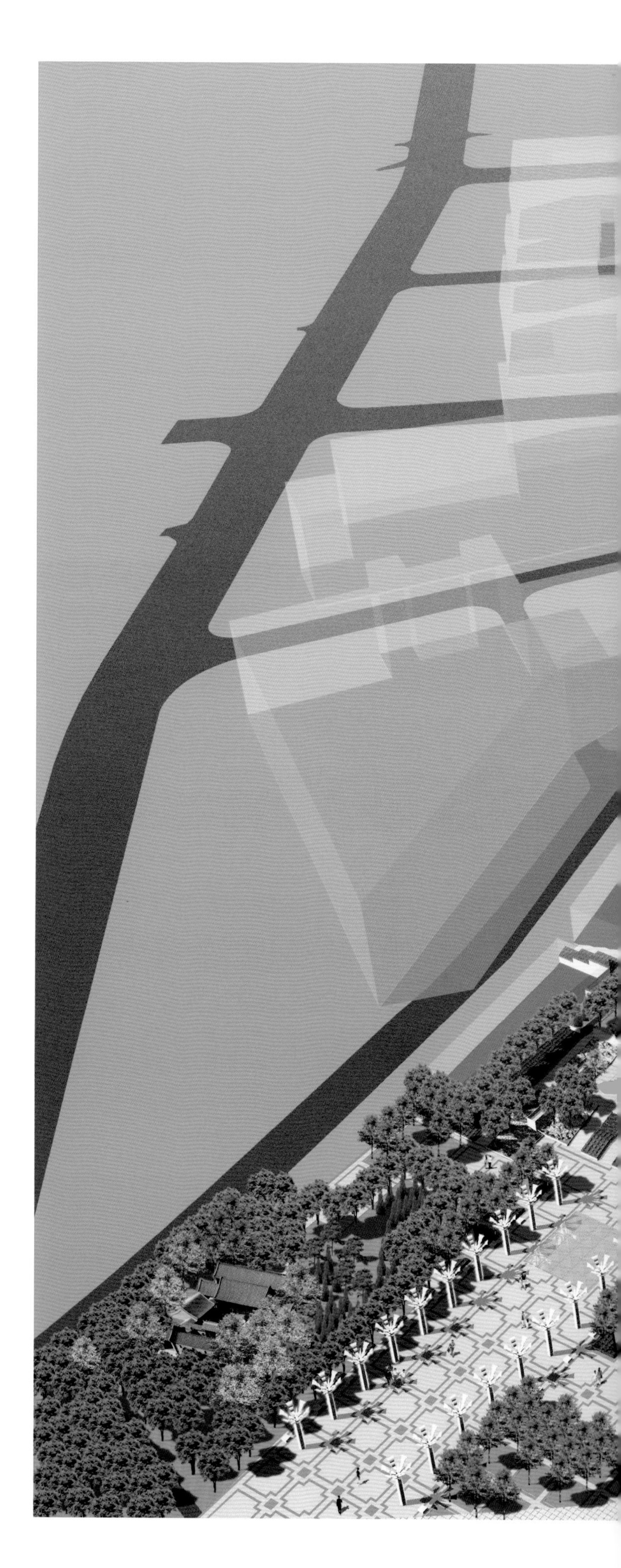

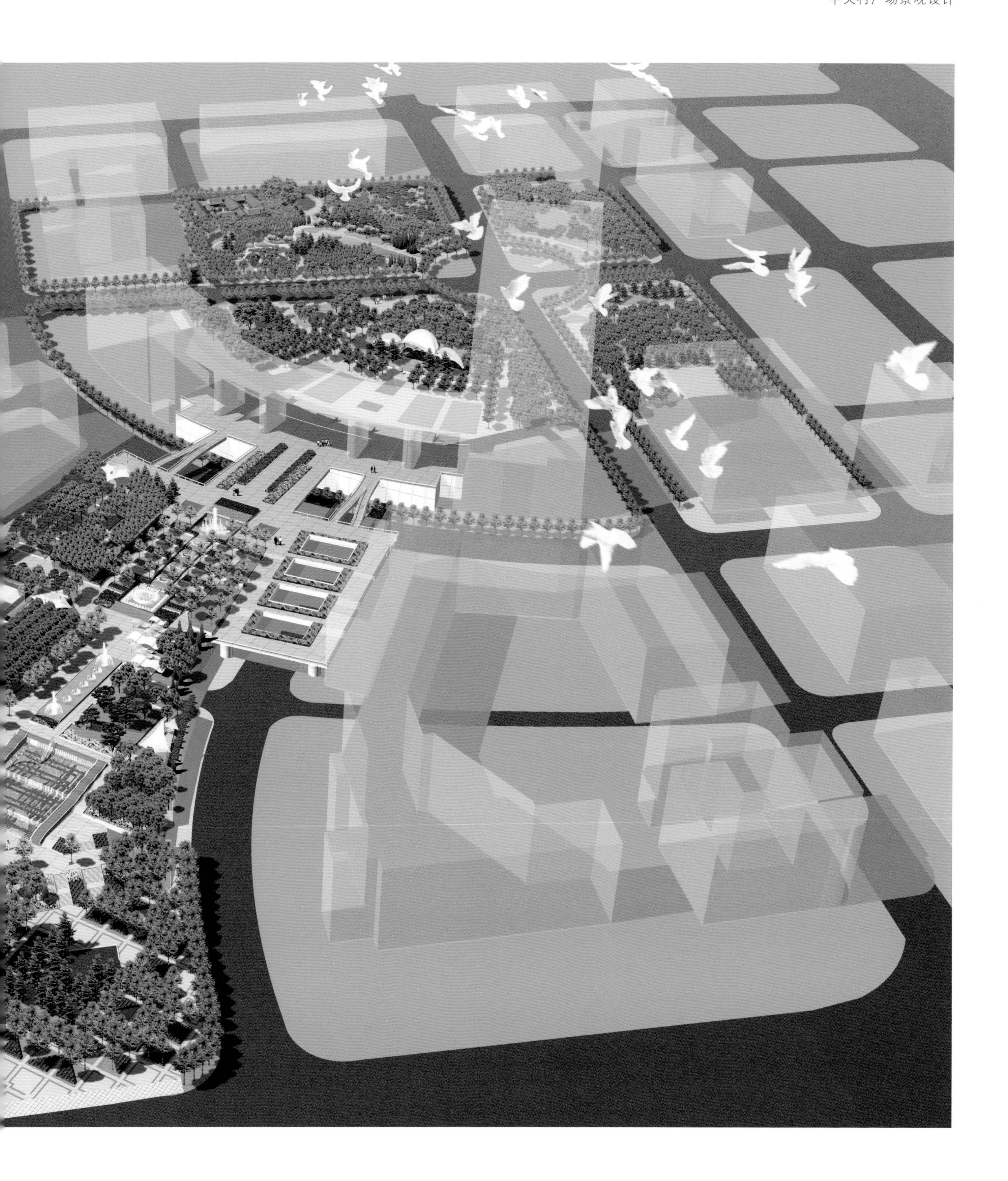

新广场中的传统印记

金融街绿化广场

项目地点：北京市西二环复兴门
用地面积：1.8hm^2，450m×40m
设计时间：1998 年

符号可以是传统的，但意识一定是现代的。对于金融街庞大的现代建筑群，如果没有景观园林艺术的加入，就无法诠释表现它们的灵动与生机。土地整合的理念是金融街广场成功的首要条件。

1993 年国务院批复的《北京城市总体规划》，提出在西二环阜成门至复兴门一带建设国家级金融管理中心，集中安排国家级银行总行和非银行机构总部，北京金融街应运而生。

以北京改革开放的时间进程看，当时北京现代化城市建设尚不足 10 年。作为景观园林设计师，如果不具备前瞻的目光，就不可能对发展中的城市景观有科学定位，从而使自己的作品既具有普适意义又包含隽永魅力。本案所处城市位置和它作为中国金融核心的特征表明，这里一定是北京城市的一个重要开放空间。因此，这里的景观不仅需要表现中国首都金融街风貌和文化特征，这里的园林还需要具有让公众自由进入和尽情享用的功能。

金融街中心区城市绿化广场，位于西二环路北段，南起广宁伯街，北至武定侯街。一条长 450m，宽 40m 的狭长场地，由多家单位分别拥有使用和管理权，如交通、市政设施、单位红线用地等等。我们从城市整体景观出发，提出由景观园林专业综合统筹进行设计的思路，这一思路得到多数单位的默认，虽然也有人持不同想法，但是，本案的成功，说明景观园林专业具有良好的“统筹机能”。

这里最活跃的是以银杏树、银白槭、加拿大红缨为代表的各种色叶植物和花境绿地，最华丽的是景观喷泉和金色的夜景灯光。而点睛之处是一座既深刻表现民族传统文化又充满现代时尚气息的刀币组合造型雕塑——金融街 LOGO 标识。经历了十几年，特别是现在，各国各地金融街很多了，回过头来，之所以感觉“这一个”是可以被人记住的，正是因为它完美地表现了中华民族和北京的时代特色，表现了北京金融街的主题，也说明了“民族的就是世界的”这个真理。这件雕塑现在已经成为中国金融的标志与形象。

金融街整体环境以宏大的建筑气势和现代景观园林设计风格，给人们带来了全新的城市体验和视觉感受。景观园林应当是与城市形成开阖有致、有趣的整体，不论开车、步行的动态感受，还是购物休闲时驻足观赏，这里成为人人可以看得见、看得懂，有座凳、有灯光、有喷泉、有夜景的现代化都市的开放空间。

金融街中心区形成了顺成公园、中心区绿化广场、城隍庙休闲广场以及 8 处特色园林景观，极大改善了区域生态环境，提高了国际金融功能区的品质，为金融街企业入住、经济腾飞奠定了坚实基础。

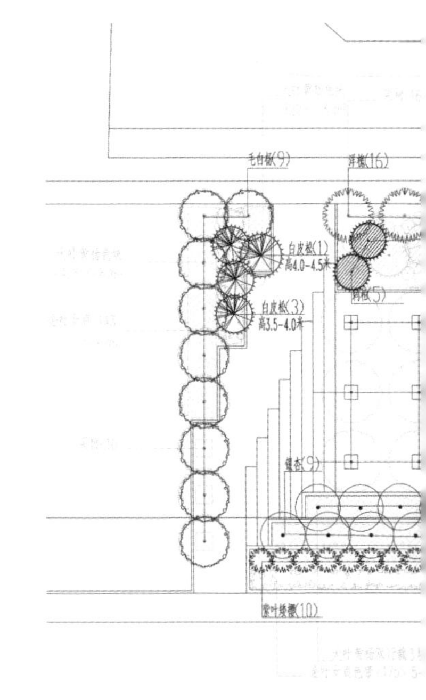

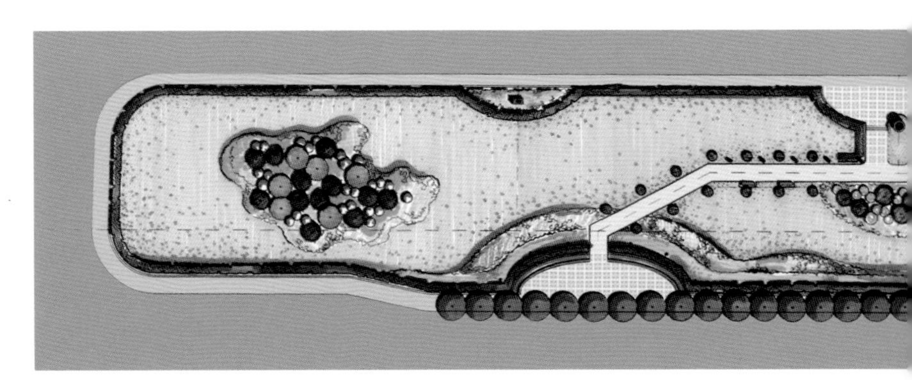

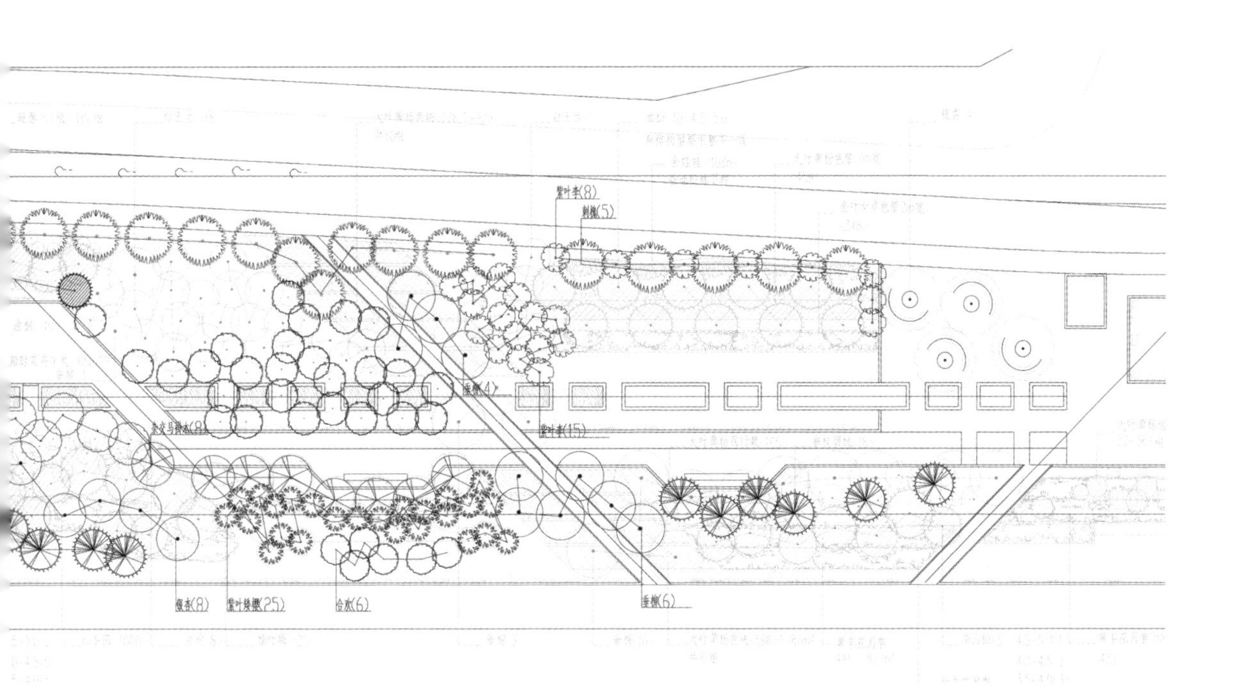
紫叶李(8)
刺槐(5)
紫叶李(15)
银杏(8)
紫叶矮樱(25)
合欢(6)
垂柳(6)

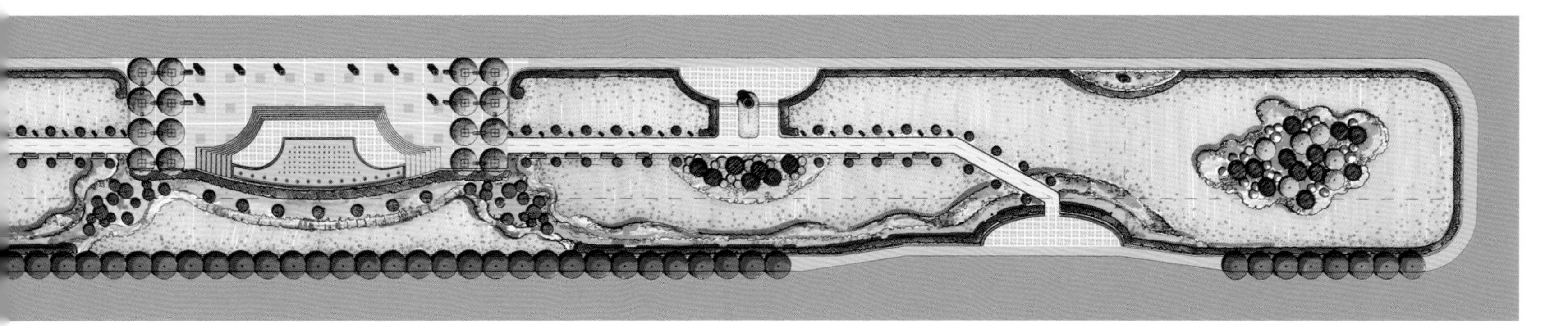

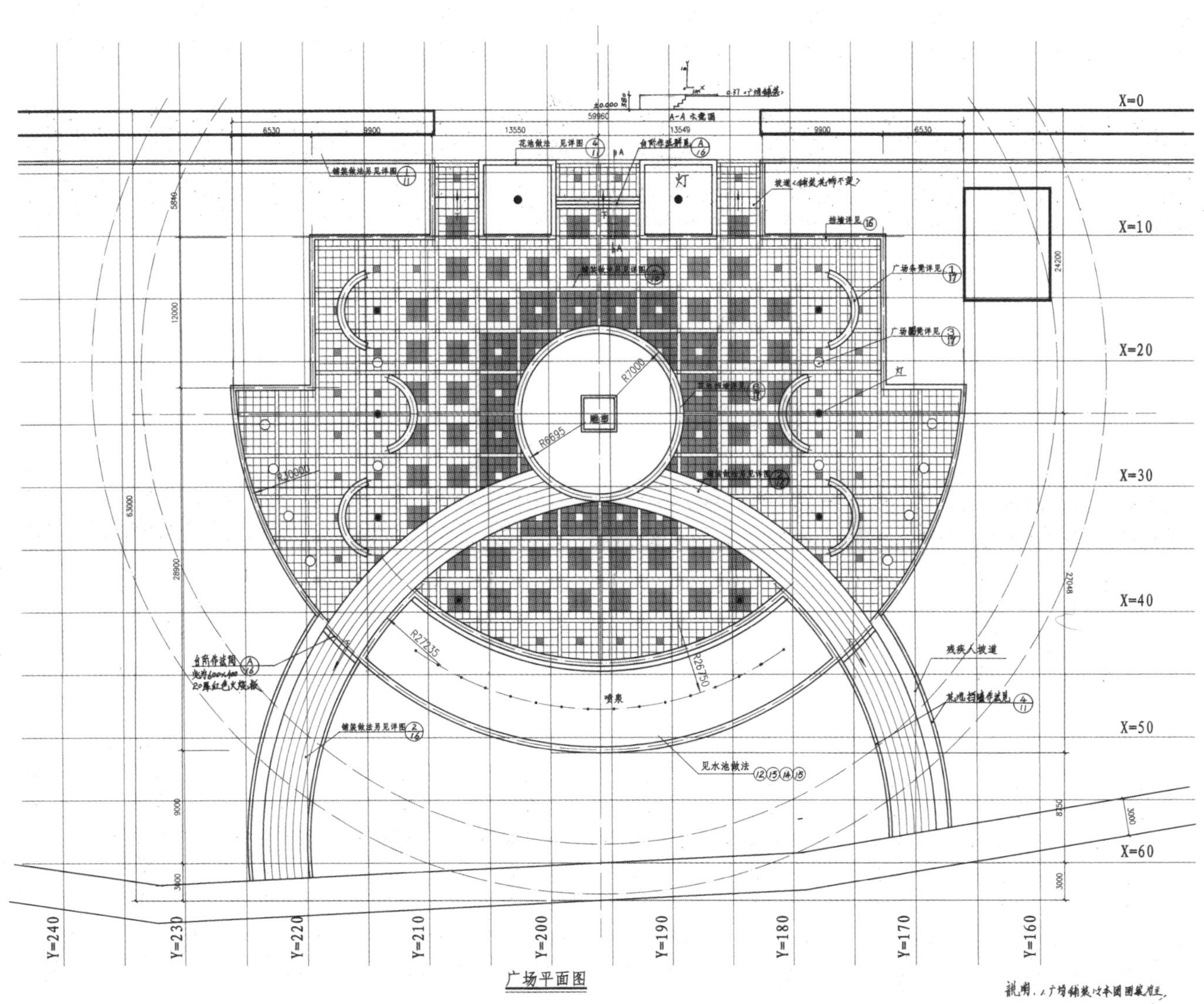
X=0
X=10
X=20
X=30
X=40
X=50
X=60
Y=240
Y=230
Y=220
Y=210
Y=200
Y=190
Y=180
Y=170
Y=160
灯
R7000
R6695
喷泉
残疾人坡道
见水池做法
24200
27048
12000
63000
28800
9000
3000
6530
9900
13550
13549
59980

广场平面图

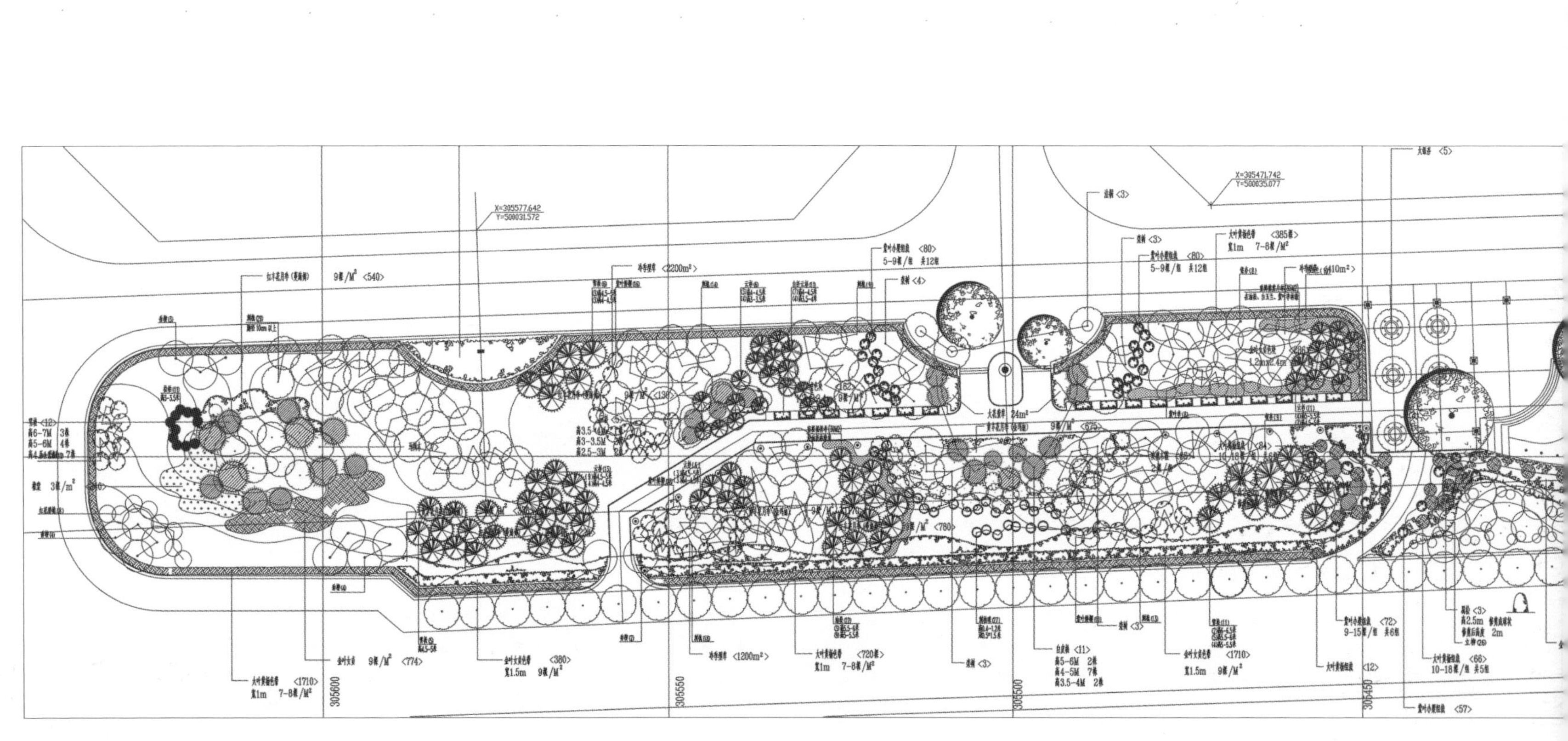

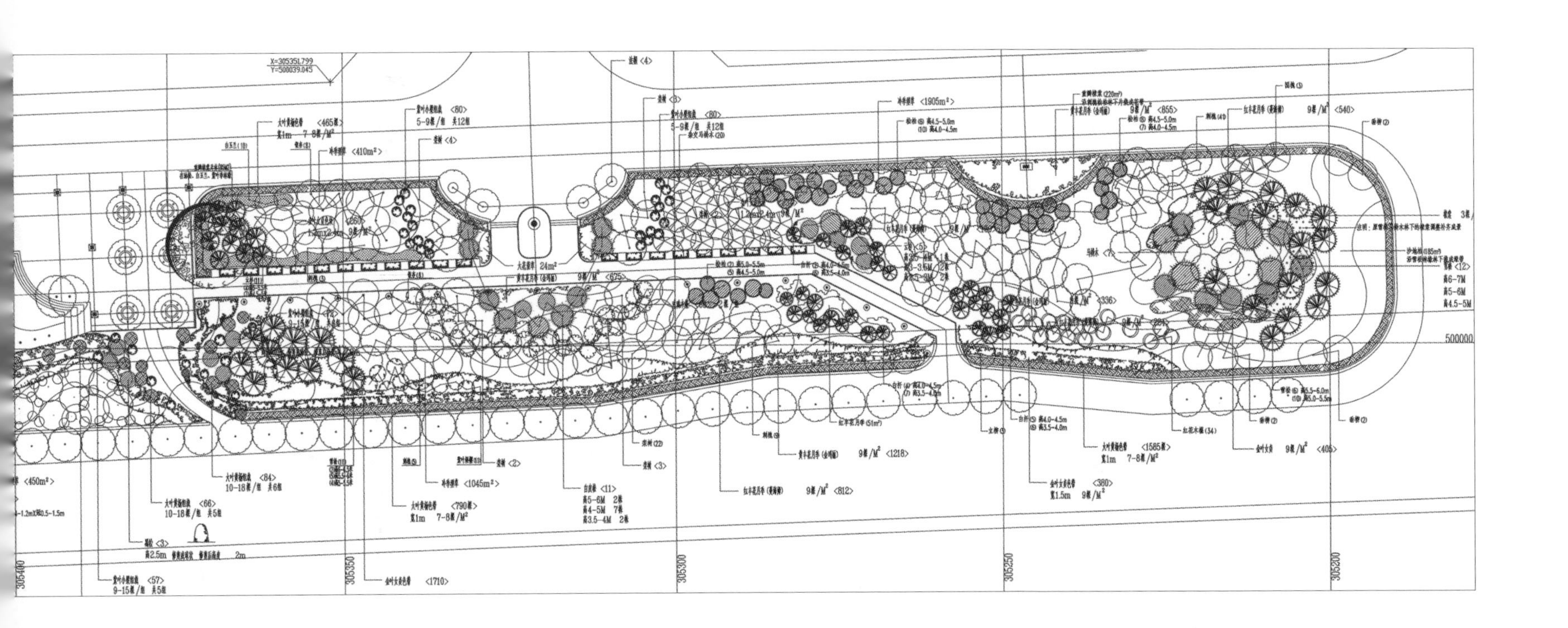

传统文化与现代城市空间的过渡

地坛园外园

项目地点：北京市东城区

用地面积：$5hm^2$

设计时间：2002 年

获得奖项：2003 年度北京园林优秀设计二等奖、2004 年度北京市规划委员会设计二等奖

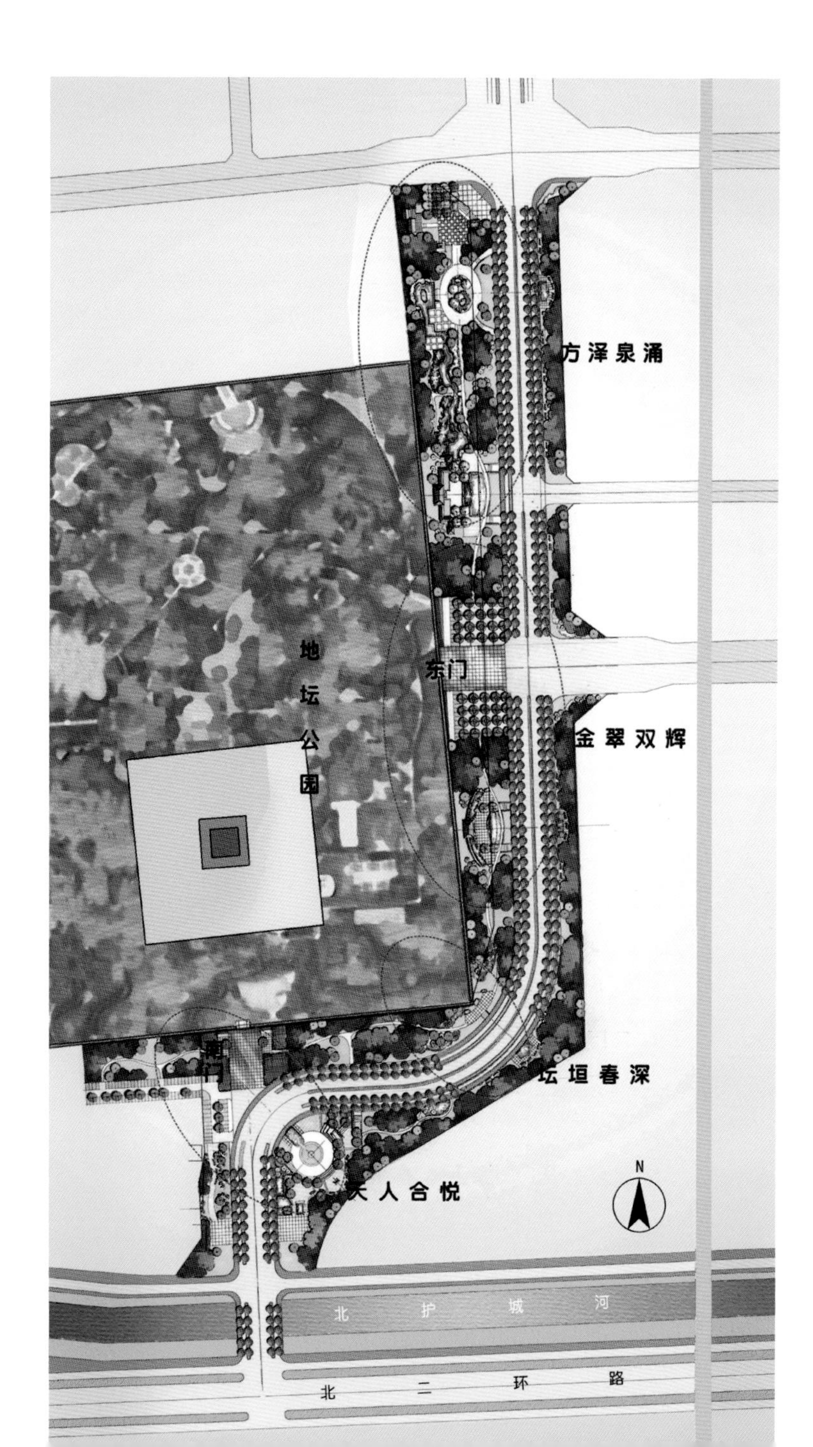

现代景观园林通过创造意境来表现和延续历史文脉时，除了使用传统理法中的自然山水之外，融合了现代城市空间、园林品题的创作手法，同样表达了北京现代景观园林不失厚重的典雅清新。

地坛公园园外园位于地坛公园东南侧，自北二环路、北护城河至和平里中街，全长 800 m，规划宽度为 65 ~ 70m，总绿化面积 $5hm^2$。

突出环境生态功能：建设绿地的目的是为了改善城市环境，改善地区的生态环境，创造一座地坛公园的园外园，为群众提供一座环境优美的新园林。

把握历史文脉场所特征：由于绿地所在位置紧邻地坛东墙外，属于地坛公园的园外园，故必然要延续地坛的历史文脉。延续历史文脉的手法有许多种。可以仿古，可以借鉴历史符号，也可以用隐喻手法，从环境意境方面去延续历史文脉。为此我们在设计中选用了后一种方法，在园中始终贯穿一种精神——"人与自然"、"天人合一"的思想追求。

墙里墙外协调统一：植物品种选择，首先要与原地坛的基调树种相一致，使地坛内外种植相呼应，融为一体。种植方式为规则与自然相结合的形式。树种不宜过多，可片植形成气势，加强人的感染力和印象。由于面积有限，全园种植突出春、秋特色。

公园的建成为周边居民增加了自然休闲的好去处，成了二环路边，地坛墙外的新园林景观，是传统文化与现代城市空间的绿色过渡。

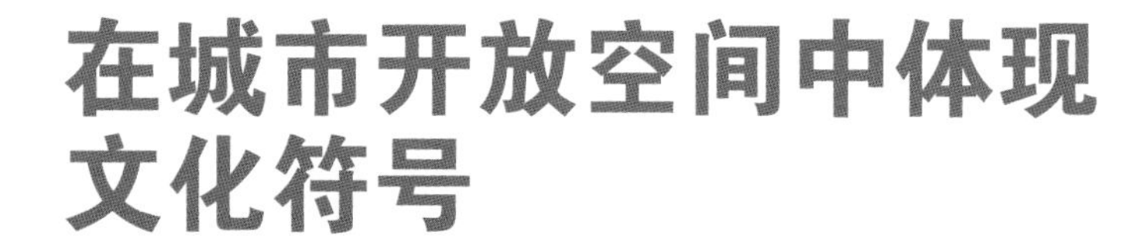

在城市开放空间中体现文化符号

东四奥林匹克社区花园

项目地点：北京市东二环
用地面积：1hm²
设计时间：2003 年
获得奖项：2004 年度北京园林优秀设计二等奖

在城市开放界面上对带状绿化的处理，可以在满足生态和使用功能的同时，以现代手法融入奥运文化符号。“文化展示+城市景观+社区功能+生态价值”，为城市的开放空间创造一段特色纪念。

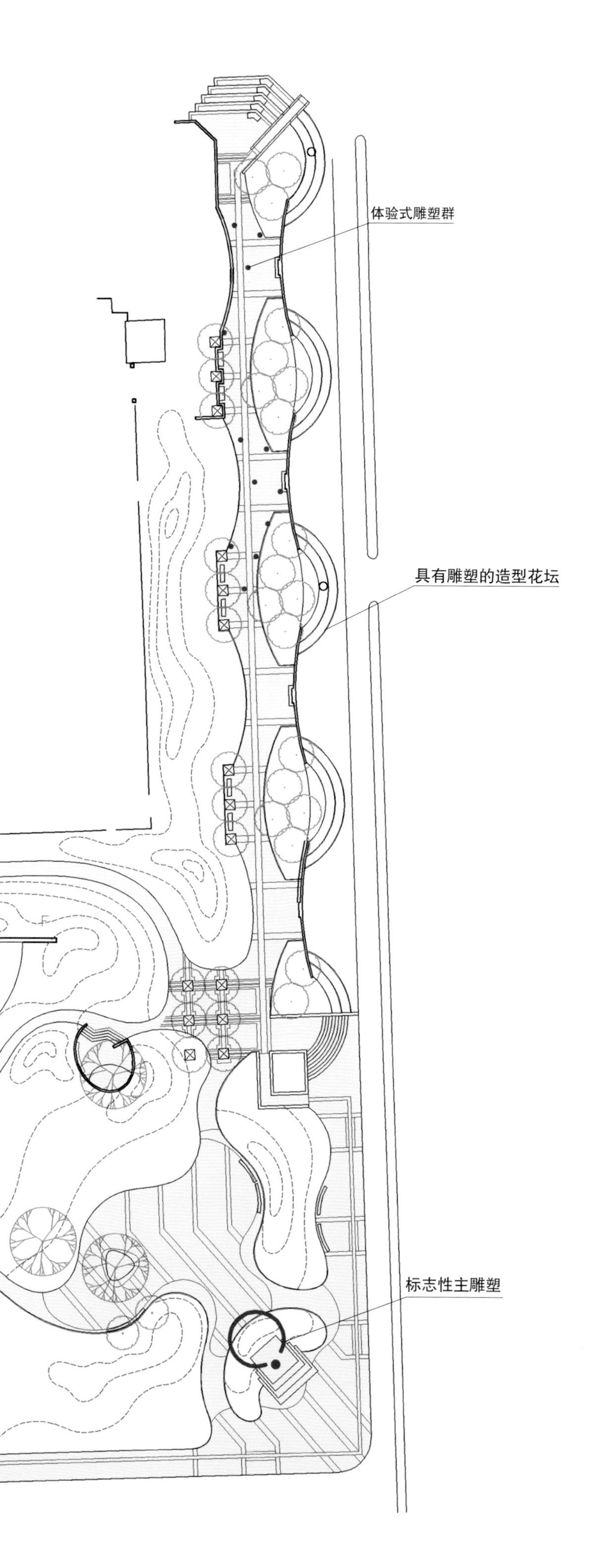

2003 年，正值申奥成功后北京市民对奥运文化的热情高涨之时，恰逢东二环绿化带提升改造，结合一块与带状绿化（200m×30m）相衔接的集中绿地（90m×70m），通过设计，形成了城市中心区域的一个外向型的微型社区绿地。

花园除了要满足社区绿地的内部使用功能外，更多的是要利用外向空间在城市公共界面上体现出城市更新过程所需要的时代感，满足当时社会所需要的文化诉求。

由此需求出发，设计确定了“文化展示＋城市景观＋社区功能＋生态价值”为指导方针，以不同类型的景观雕塑，结合原有道路绿化带的高差，通过具有奥运文化特征的造型花坛为主要表现手段，注重城市界面的尺度与节奏，最终形成具有文化展示特征的城市开放界面的绿化景观。然后再利用绿化过渡到内部空间，通过丰富的地形处理形成多样化的景观空间，利用园林手法取得小中见大的景观感受。在种植方面强调复层种植尤其是地被覆盖的多样性，从而通过加大绿量达到小绿地的生态服务价值。

城市商务区的生态基底

鄂尔多斯十字街
商业景观

项目地点：鄂尔多斯东胜区

用地面积：5hm^2

设计时间：2013 年

对于大型商业综合体来说，其核心的价值体现即是其所处土地的集约化和稀缺性，往往地理位置重要的商业地产景观开放空间，更体现人的交流活动和场所的个性特征，但不应忽视绿色生态环境的重要性。本案的设计核心即是如此，构建一个“绿色的生态基底”，让高层建筑嵌入并生长其中，在建设高品质、花园化办公商务环境的同时，更要带动并联系整个区域的绿色网络体系，实现区域整体生态效益的最优化。

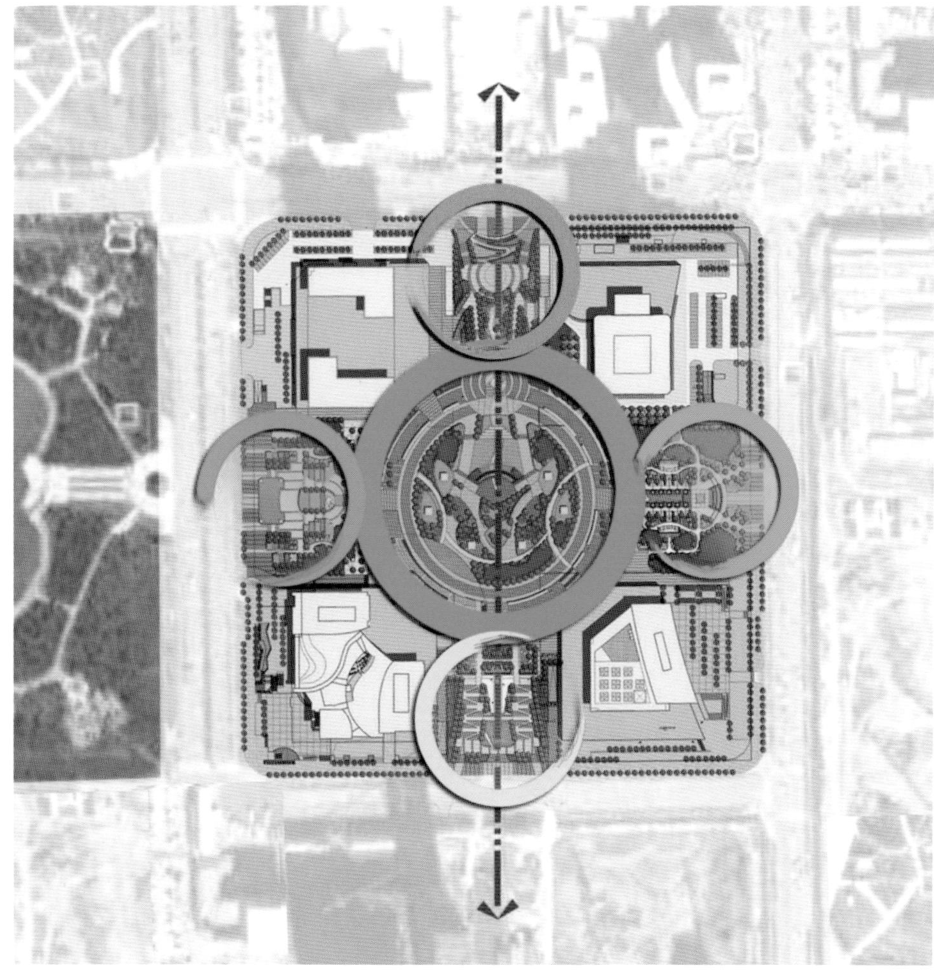

针对现状场地情况北高南低、东高西低、落差较大的整体地势。通过景观手法协调城市多种环境的联系，结合工程手段解决复杂高程的变化问题，运用细部深化设计，体现场所的地域文化精神，创造现代、绿色、有生命力的开放共享空间。

展示现代化、国际化的开放形象，以及都市生活的丰富元素。体现建筑与环境的协调，商务与休闲的融合，环境与人的和谐。通过一系列张弛有序的空间组织，营造“绿色街巷”的感受。为商务区提供绿色休闲、商务交流、情感互动的绿色环境。

十字街商务区景观面积虽不大，但设计中考虑的问题却不少。高程变化、地下建筑、功能设施，这一切都在设计中有所考虑。建设后的十字街景观，将串联起城市商务轴线和绿色生态轴线，并通过协调项目周边城市环境，实现现代、时尚、绿色有生命力的商业景观开放空间。

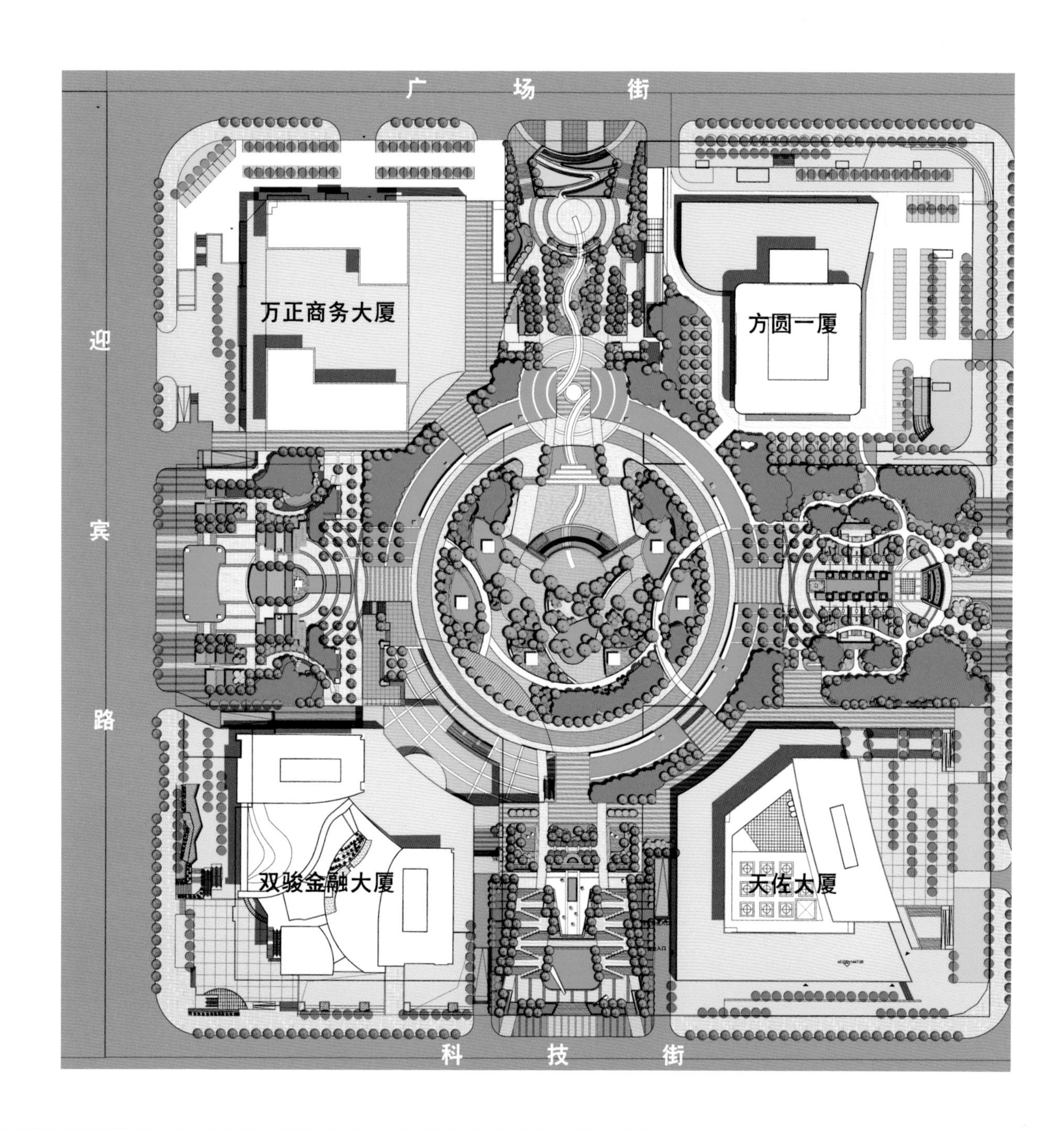
广 场 街
万正商务大厦
方圆一厦
迎
宾
路
双骏金融大厦
天佐大厦
科 技 街

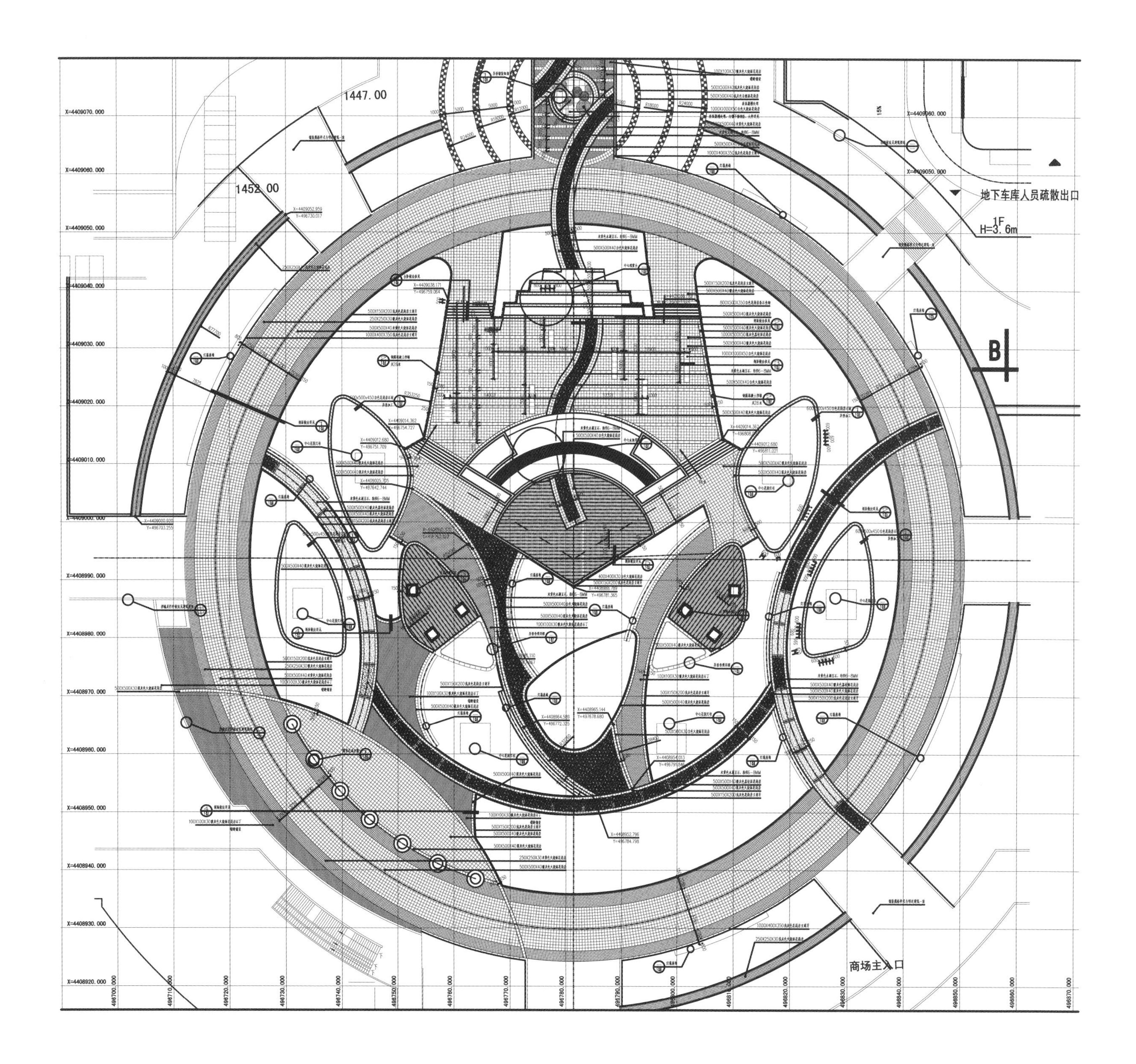
1447.00
1452.00
地下车库人员疏散出口
1F
H=3.6m
B
商场主入口

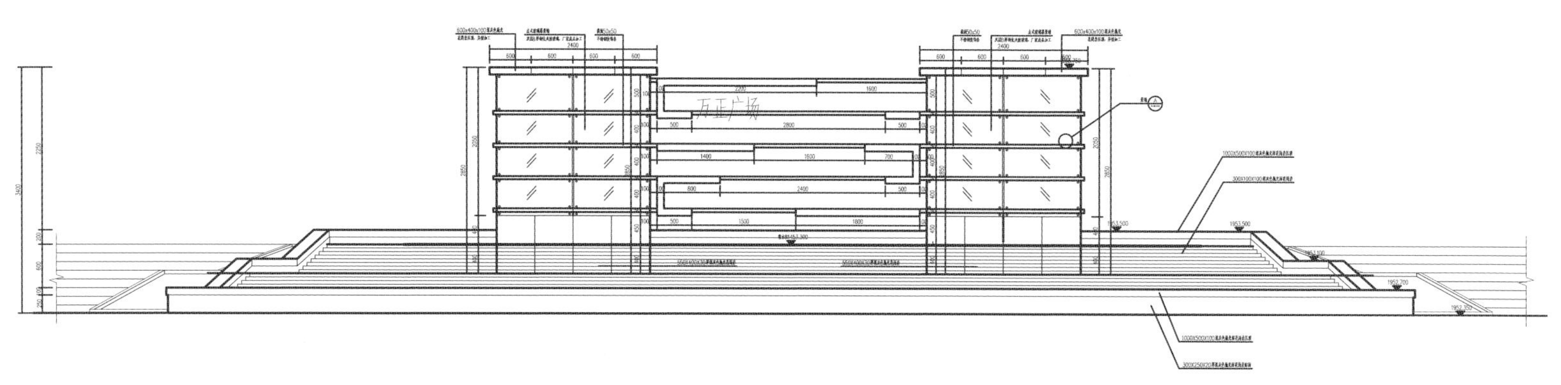

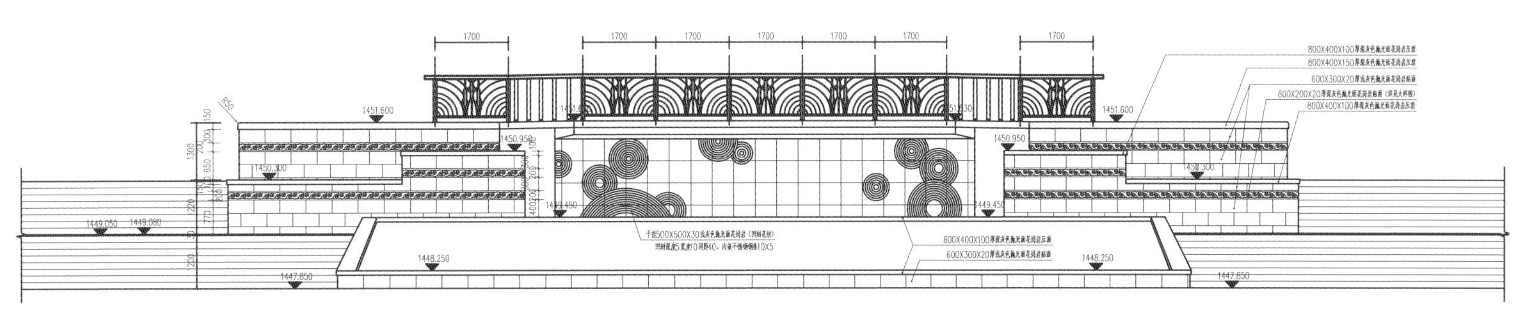

正立面图

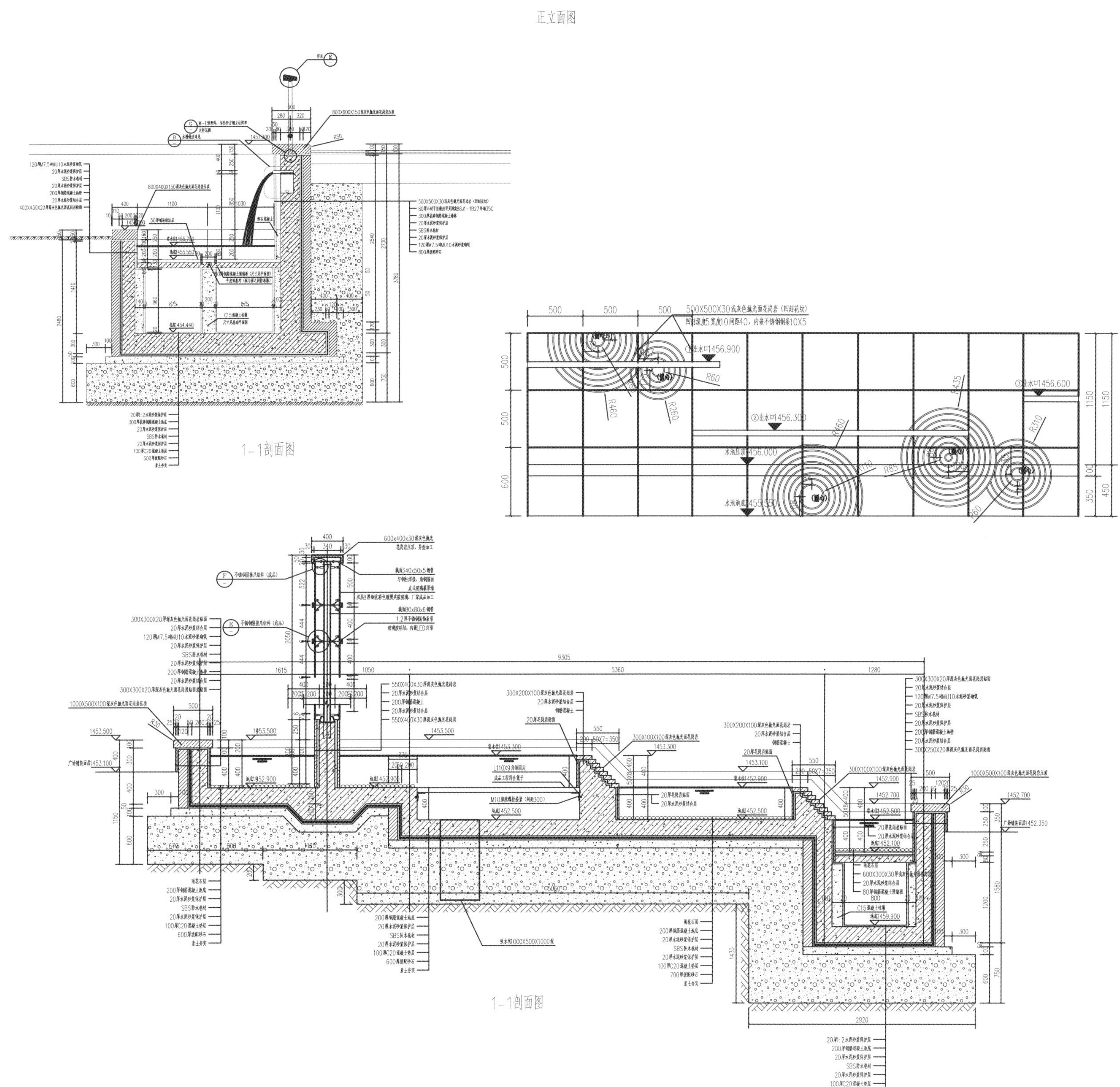

1-1剖面图

1-1剖面图

主题公园引领城市特色

伊金霍洛旗母亲公园

项目地点：内蒙古鄂尔多斯伊金霍洛旗
用地面积：166hm^2
设计时间：2008~2009 年
获得奖项：北京市优秀工程设计二等奖

将纪念性与旅游、休闲相结合，突出“文化与生态”，以“母亲”为主题，与成吉思汗陵及风景区相辅相成，共同构成全面、立体的文化轴线；同时也是成吉思汗核心文化的强有力补充。依托丰富的景观使公园成为既满足外来游客旅游，又满足本地居民休闲赏景的纪念性文化休闲公园。

1. 历史传说

地处鄂尔多斯高原中南部的伊金霍洛旗是一片古老而神奇的土地，因一代天骄成吉思汗长眠于此而闻名世界。伊金霍洛是蒙古语，意为“圣主的陵园”。传说，成吉思汗远征西夏途经此地时，看到这里美丽的草原和茂密的森林，忘情地失手掉落马鞭。

1227 年，成吉思汗在灭西夏的战争中病逝后，运送灵柩的大车途经伊金霍洛，当灵车走到当年成吉思汗失落马鞭且吟诗之地时，车轮突然陷入泥淖沼泽之中，任凭多少匹马都无法拉动丝毫，于是，人们想起了当时的情景，就把他安葬在这里，即今天的成吉思汗陵。

2. 项目概况

母亲公园位于伊金霍洛旗城区东部，是距离市中心最近的大型公园，总面积 166hm^2。

场地内一半为山地，主峰东山高 41m，依据需要，横穿公园的 210 国道将废止并填平恢复山势，将公园连为一体。

城市特色

伊旗作为成吉思汗安寝之地，有“天骄圣地”之称，依托这一独特的文化资源，挖掘以成吉思汗为代表的蒙古民族特色文化，使伊旗成为彰显蒙古民族风情魅力，具有浓郁地方文化特色的旅游和宜居的城市。

母亲公园紧邻乌兰木伦河，北部与康巴什政府新区隔河相望，南部与成吉思汗陵遥相呼应，东山作为本地区最高的山峰，起着承上启下的作用，它联系着代表本地区历史与现在的两个最重要的节点。

公园定位

将纪念性与旅游、休闲相结合，突出“文化与生态”；以“母亲”为主题，与成吉思汗陵及风景区相辅相成，共同构成全面、立体的文化轴线；同时也是成吉思汗核心文化的强有力补充。依托丰富的景观使公园成为既满足外来游客旅游，又满足本地居民休闲赏景的纪念性文化休闲公园。

文化脉络

如果每个成功男子的背后都站着一个伟大的女性，那么成吉思汗身后的伟大女性便是他的母亲珂额伦，公园内的东山正好位于成陵的北侧，是成陵的背景和依托，因此将公园的特色定位为“母亲”主题，既是成吉思汗文化核心的拓展与延伸，又形成了城市的特色风貌。

成吉思汗 9 岁时，父亲被害，部众离去，珂额伦处于十分困窘的境地。她历尽艰辛，以坚强、团结、进取和宽容抚儿育女，从而使成吉思汗成为震撼世界的伟人。成吉思汗曾言，他的功业至少一半应属于他的母亲。珂额伦为蒙古社会的进步和发展，为蒙古族优秀文化的传承和发扬贡献巨大，被尊为蒙古民族心目中的圣母。

空间布局

公园依托现状地貌形成了“山、水、林”协调一致的山水骨架。在主山的东北部，地势低洼，由于紧邻河道常年积水，因此就势稍加整理，形成 10hm^2 的主湖区。同时利用整理湖区挖出的土方，将被公路挖断的山体重新连为一体，构成连绵起伏的山体，土方就地平衡。

湖面深远、平阔，与连绵的山体形成倒影。旷远幽深的山水空间隐喻了母亲宽广、博大的胸怀，也反映出珂额伦坚毅果敢如山，又柔情温和似水的母亲性格。

景观功能分区

（1） 历史文化区

用文化轴线，通过叙事性空间序列串联起场地内的敖包及龙头石等文化节点。由主门开始采用层层升高的台地式轴线布局，中轴路宽 15m，沿阶而上，形成纪念性的宏大、庄重的气氛，体验沿途过渡性的故事与场景，在苍松翠柏和鲜花的掩映中，最后到达制高点——母亲主雕，她屹立于蓝天白云间，令人产生崇高和敬仰之情，在此可俯仰自得，感悟今昔。

春季粉雪千堆（山桃、杏花成片）

秋季银枫绚丽（银杏、枫树红黄叶色）

公园主山植物季相

艺术感强烈的公园东北主入口

公园次入口

种植设计施工图

主雕位于41m高的东山山顶，与山体浑然一体，灰色花岗石制成，高36.9m，右手平抬胸前，面容慈祥温和，目光深邃而坚毅地向南注视着英雄儿子的安寝之地——成吉思汗陵；形成区域景观与文化精神的互动，同时也俯瞰着整个伊旗市区，成为城市的新地标和文化形象。

（2） 湖景生态区

突出水景和当地植物特色：利用紧邻河道的优势，公园设置主湖面和大型喷泉跌水、水溪等各类水景，改善了小气候，又丰富了山清水秀的公园景观。幽静、开阔的湖面，成为公园的又一特色，吸引着人们嬉水、纳凉，环湖高低错落的林荫大道串联起多个各具特色的滨水广场，同时利用现状山谷，形成一条跌水花溪，丰富了登山游线。

依托良好的水质、土地条件，设计了多个有当地特色的植物专类园和引种驯化园，成了本地区植物最丰富多样的示范基地。包括：沙生植物园、野生品种园、丁香园、玫瑰园、芍药园等，可以举办各种赏花节，吸引公众参与。

（3） 休闲健身区

在远离历史文化区的西门附近，由于外围有多个居住区和学校医院，在主山西侧地势相对独立、封闭、安静，设置了各类健身休闲场地，满足不同年龄的人群日常活动需要，如儿童活动场地、老人门球场等。本区的外围种植了大量的常绿片林，形成隔离和背景。

公园山形水系全景

通向自然的轴线

奥林匹克森林公园（1、3标段）

项目地点：北京市朝阳区奥林匹克公园南部东西两侧

用地面积：65.11hm^2

设计时间：2005 年

获得奖项：2008 年度北京园林优秀设计特别奖、2011 年度第一届中国风景园林学会优秀风景园林规划设计一等奖

奥林匹克森林公园不是简单的中国传统园林的放大，而是积极吸纳应用国内外先进的相关理念与技术，并融入了许多新的时代要求，包括城市宏观发展的要求、生态的要求和现代人生活娱乐的要求等等。

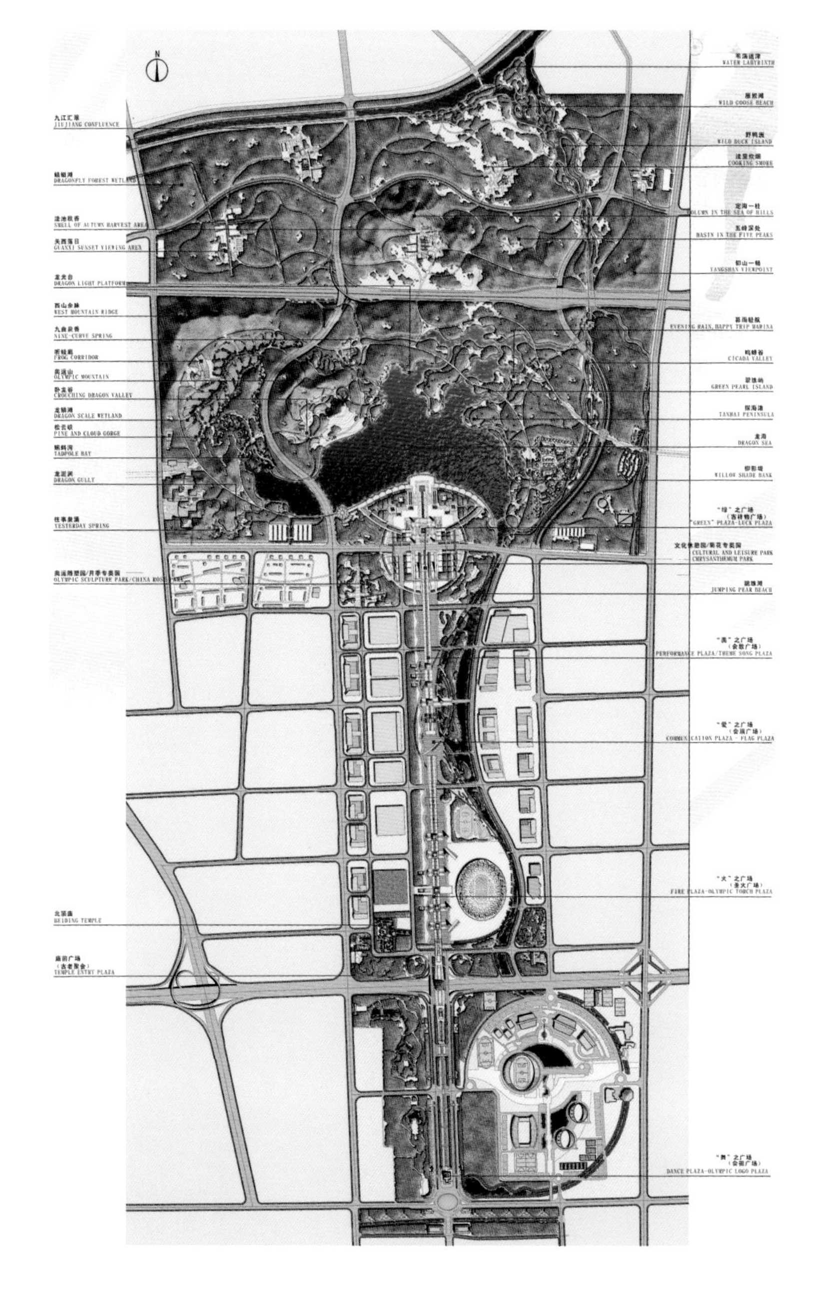

设计定位

1 号地和 3 号地分别位于森林公园主景区的东侧和西侧，在功能上有解决交通、餐饮、休闲娱乐等设施的要求，在满足功能需要的同时，通过地形设计和种植设计，形成生态良好、安静休闲的氛围，与主景区的自然风格相呼应，达到良好的整体景观效果。

设计

1 号地形设计依现状南高北低走向，丰富园区空间关系，与主景区主山相呼应。3 号地则利用地形围合成相对独立的儿童活动区，通过地形排水并收集雨水。

北部花田

种植设计

种植设计简洁、大方、实用、可行，模拟自然，适量引用原生态种植方式。

种植形式以片状种植为主，大部分是纯林和乔木混交林，管理粗放，降低造价。另外根据沿水、沿路、门区等不同功能和景观需要，采用乔灌混交林和疏林草地，如沿水用新疆杨、美杨、绒毛白蜡、桧柏等乔木；较高的地形上和郁闭的河岸，用山桃、山杏、梨加常绿树，形成郊野自然氛围；局部模拟松栎混交林等。

林地的尺度和节奏很关键，园外车行路旁的景观节奏控制在 300 ~ 400m 之间，园内人行路旁的景观则是 30 ~ 50m 一个节奏变化。

保留、利用现状树，突出奥运会赛事期间的植物景观。多种栾树和少量合欢，沿路、沿水、节点大量应用紫薇、木槿、醉鱼草等。不做大面积草坪，尤其少种洋草，多种奥运混播宿根花卉和野花组合。

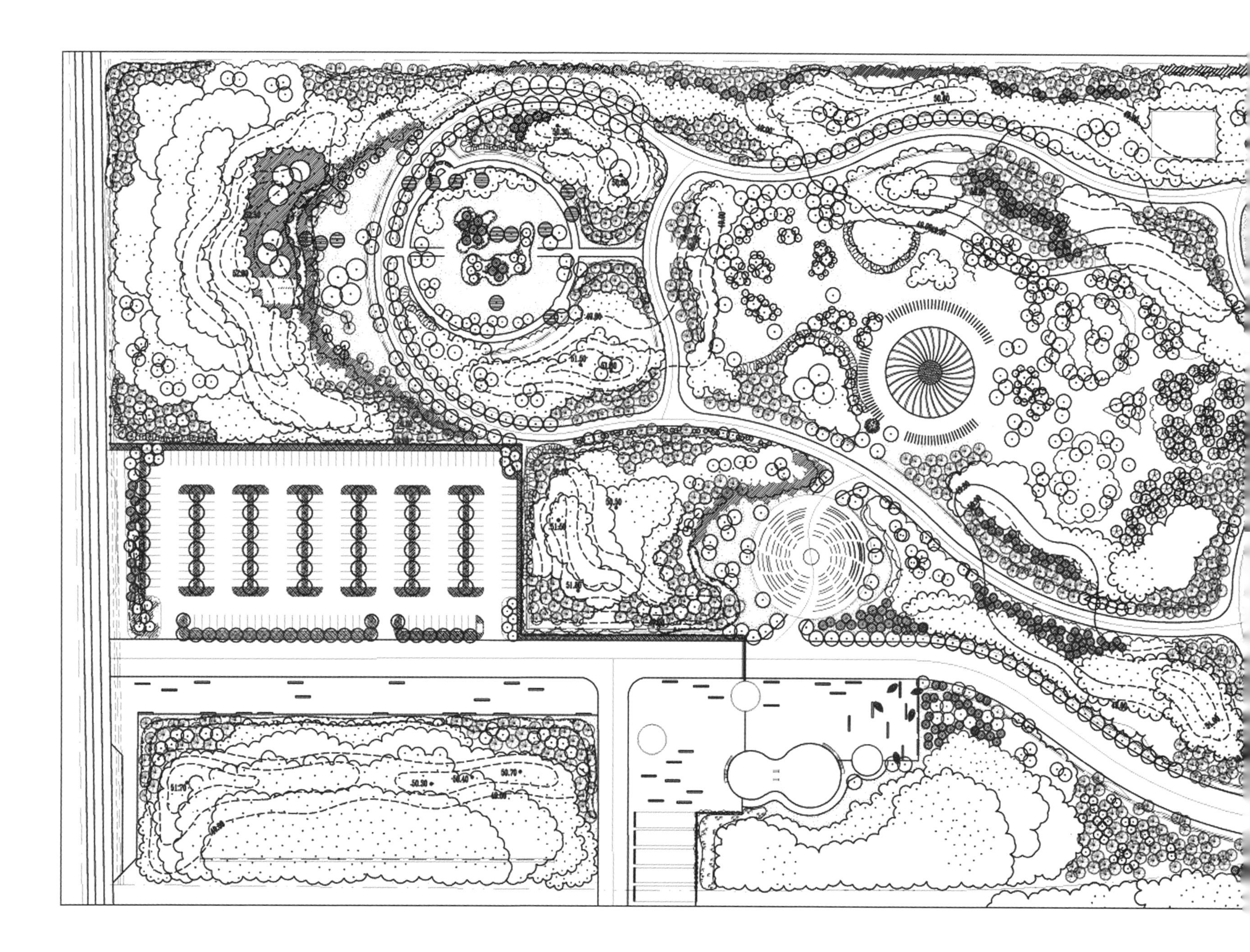

3 标段种植设计

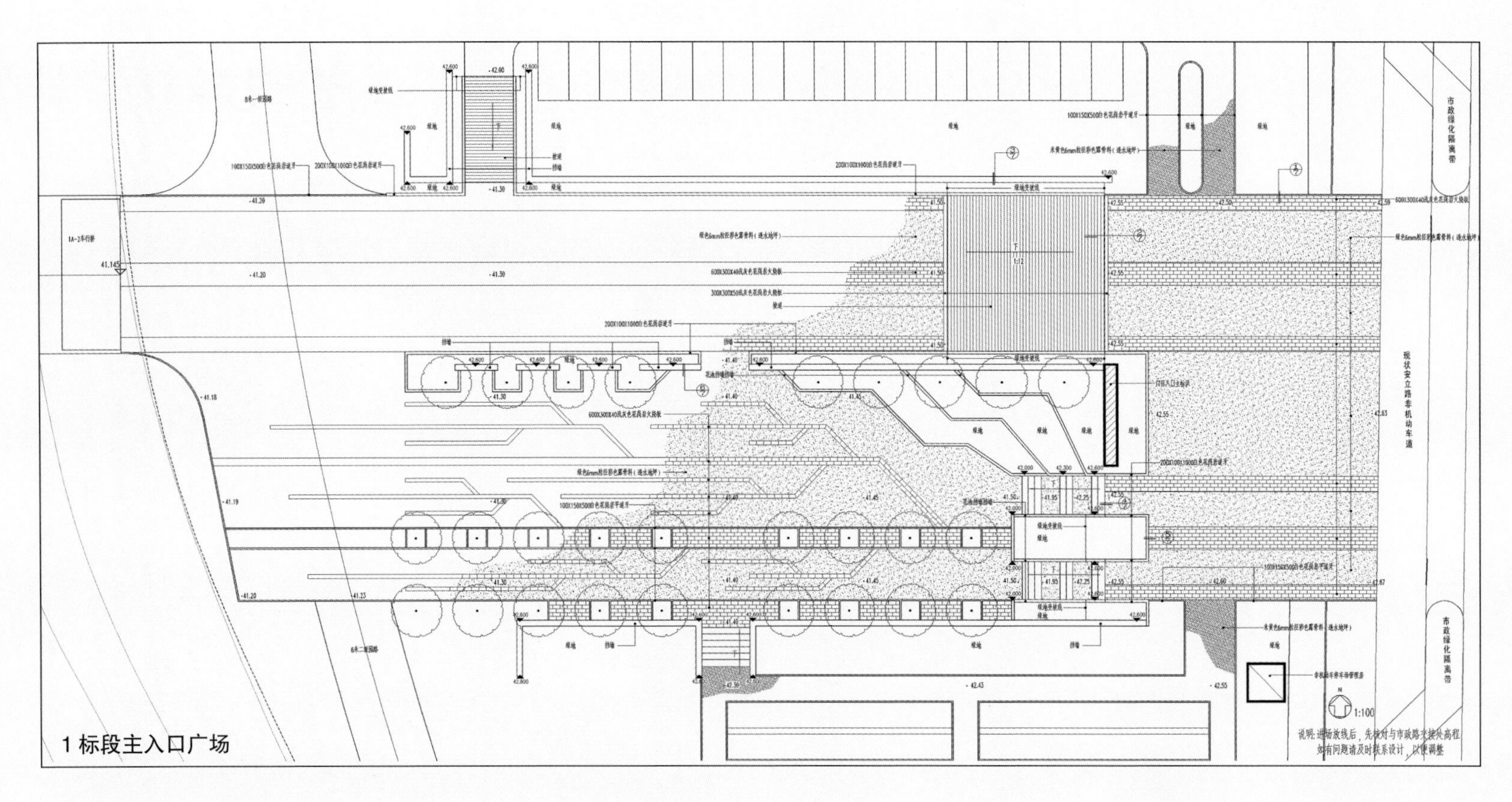

1 标段主入口广场

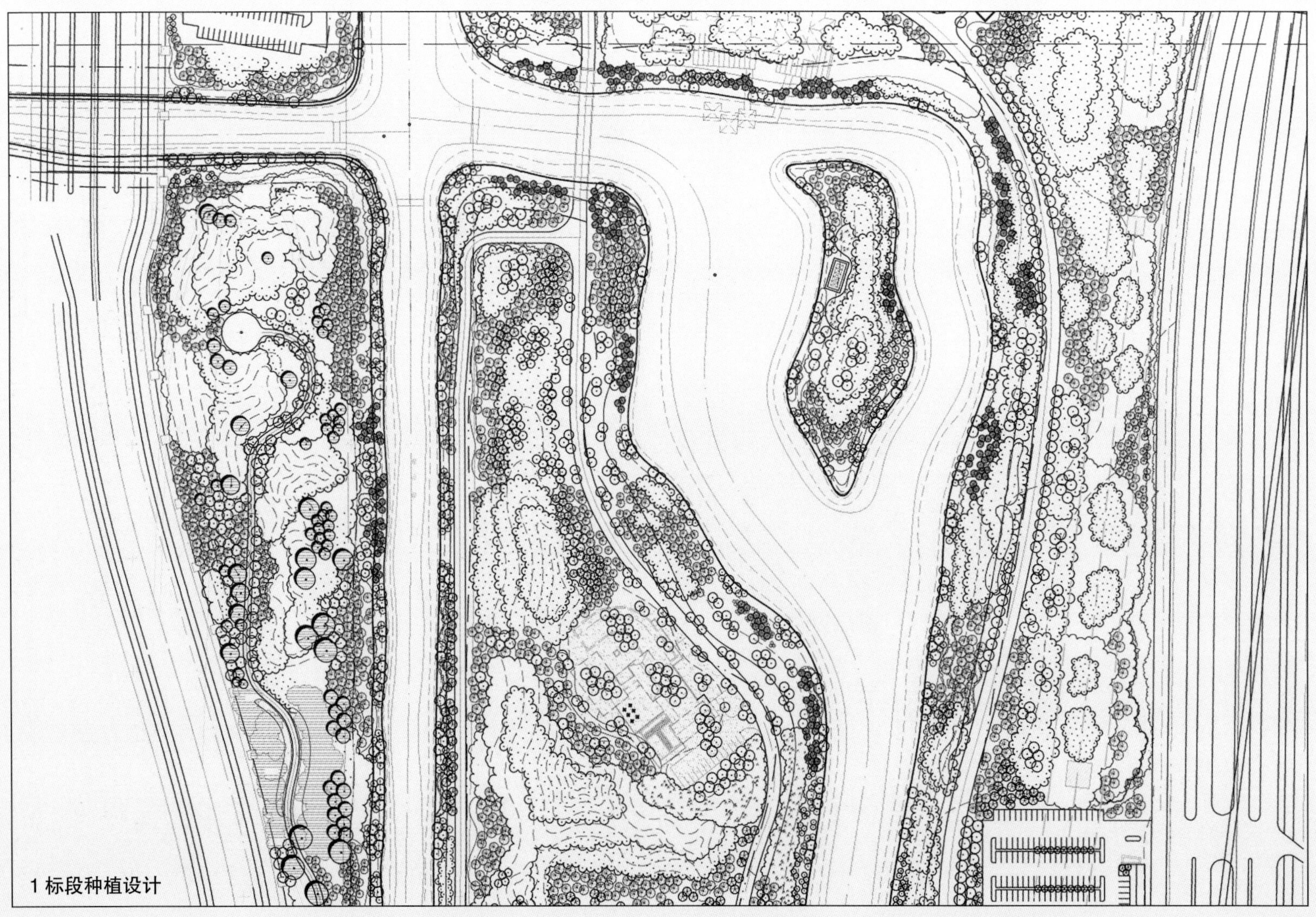
1 标段种植设计

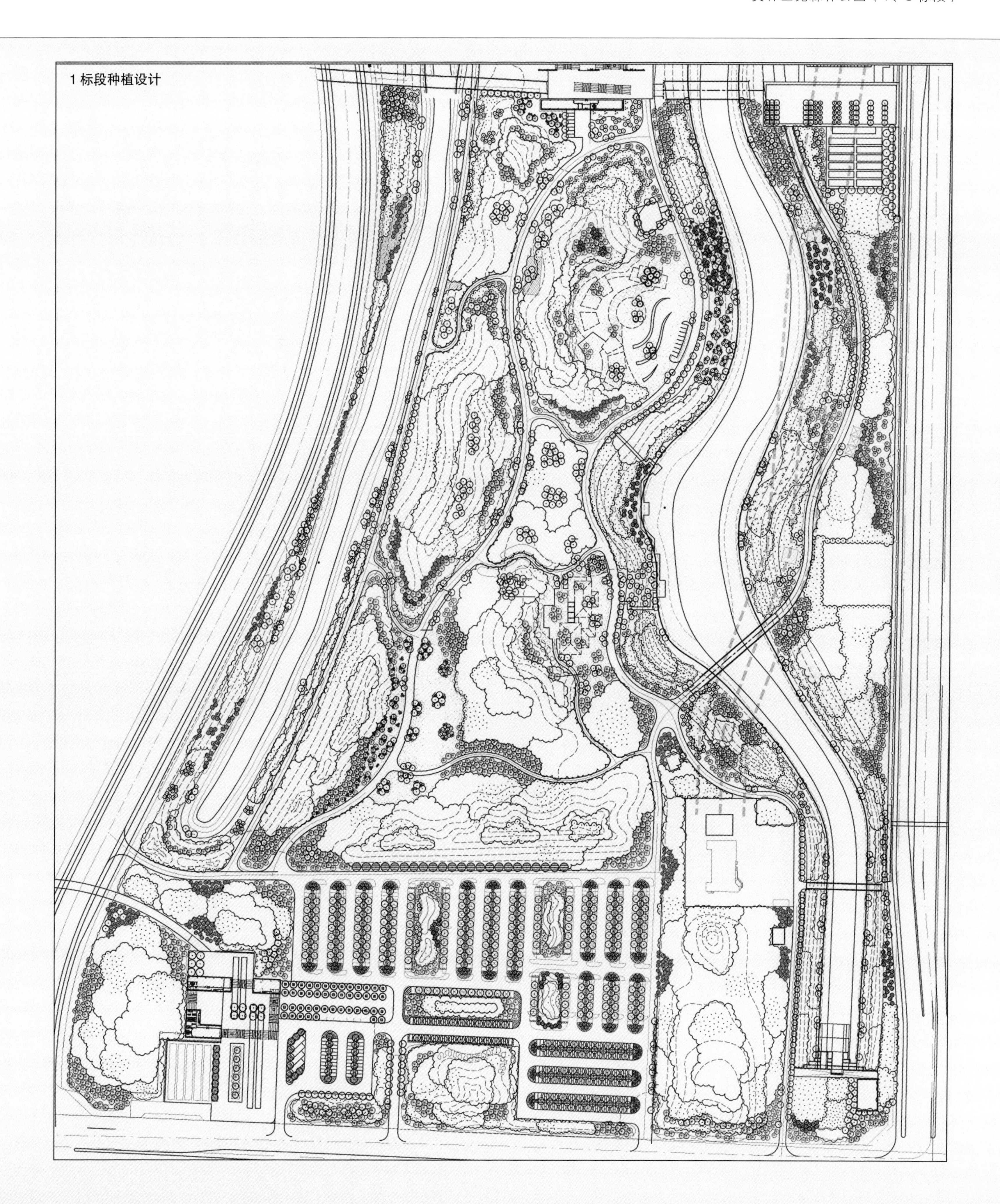
1标段种植设计

体现养生文化的新园林

地坛中医药养生文化园

项目地点：北京市东城区

用地面积：$3.5hm^2$

设计时间：2010 年

获得奖项：2010 年度北京园林优秀设计二等奖

随着社会的发展和人民物质生活水平的提高，“养生”已成为全社会关注的焦点。作为国内第一个以中医药养生文化为主题的公园，北京地坛中医药养生文化园的最大特点是将中国传统中医药养生文化的展示与宣传与园林的空间布局和景观营造有机融合，从而形成了新的、特色鲜明的园林形式。

设计理念和指导思想

中医药养生的精髓在于通过“时间养生”和以经络连接的“脏腑养生”，达到“精、气、神”的“和合”。本项目设计理念定位为：突出和谐养生主题，将文化养生、环境养生、运动养生、时间养生、五脏养生等中医养生内涵与景观营造相结合，打造集养生知识宣传、养生习操、互动体验与休闲娱乐于一体的主题公园。

景观设计注重提炼与展示中医养生文化，以健身、养生为切入点，发挥景观优势，强调参与与互动；将中医药植物展示与植物景观营造相结合；强调园区景观主题性、科学性、亲和性、生态性特色，强调人与自然共生和低碳原则 。

园区中医药养生文化的展示强调：针对大众，神形兼备，通俗易懂，一目了然，知行统一，并与园林景观融为一体。

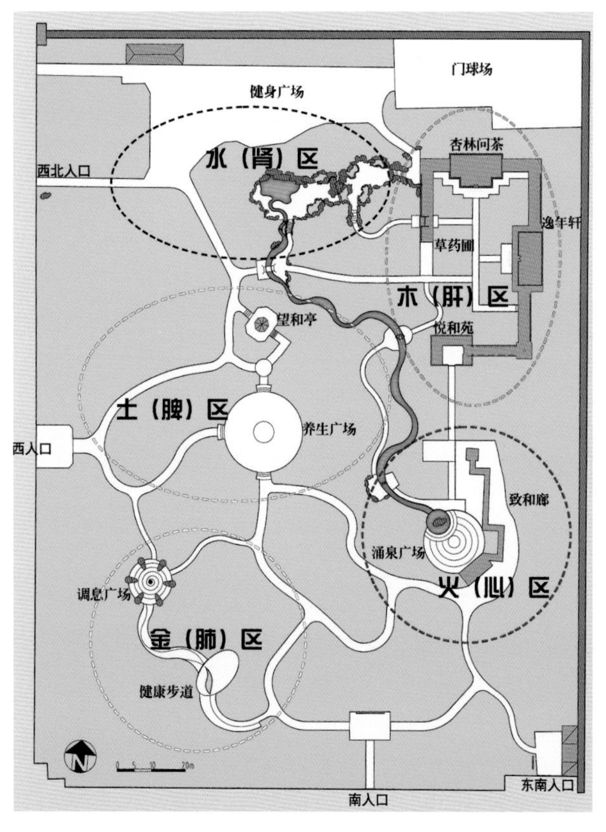

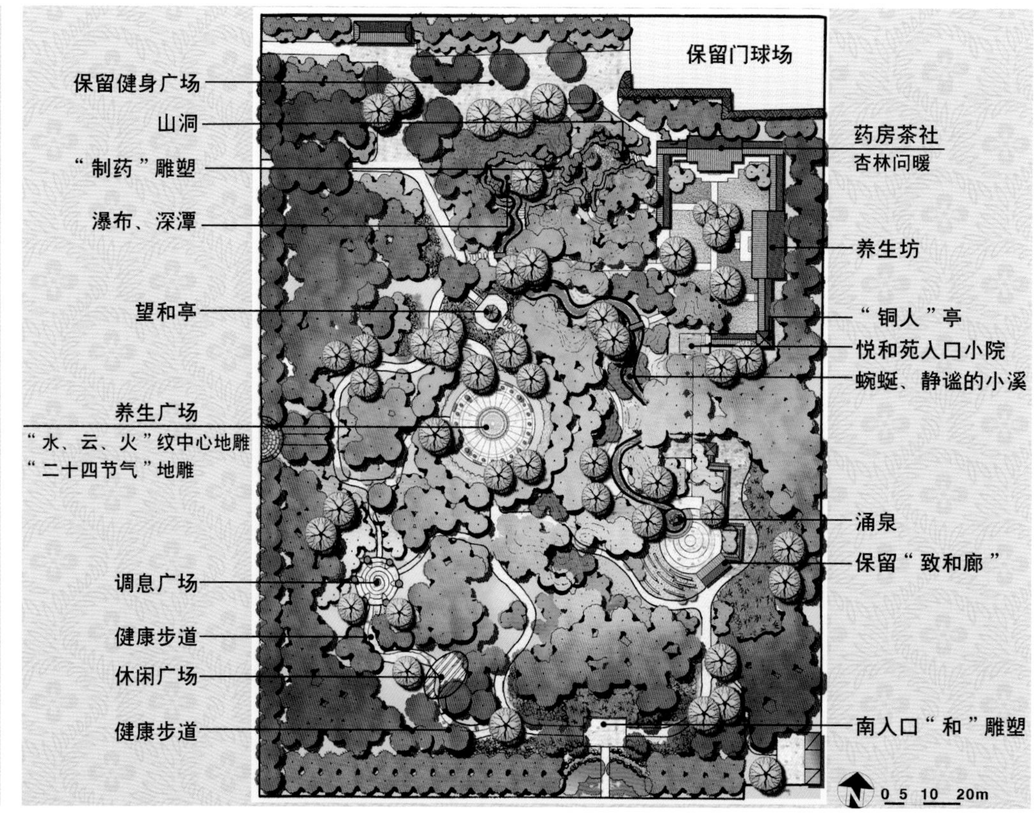

2.

总体布局及设计内容

通过“时间养生方法”和“以经络衔接的五脏（五行）养生方法”为手段体现“精、气、神”的“和合”的养生理念。

整个园区体现三大要素：

时间（主要是24节气）概念的体现；

经络（包括人身大穴、要穴）概念的体现；

五脏（五行）概念的体现。

以“水溪和陆路”为经络联系五脏（五行）“五个特色区域”——火区（心区）、木区（肝区）、水区（肾区）、土区（脾区）、金区（肺区），其间穿插时间养生理念和内容。

（1） 火区（心区）

按中医理论：火区（心区）位于园子的南边，心主血脉，整体色调以暖红为主。心主神明，为君主之官，要有规有矩。

此区域的景观核心为养心休闲广场，播放悠扬的养生音乐，以养心神；广场内有一组长廊，名为致和廊，取《中庸》：“致中和，天地位焉，万物育焉”之意，它是整体园区“和”理念的体现之一。长廊对面水池中，心形的景石喷泉涌动，汩汩流水，池内金鱼游弋，体现神明活跃之性。广场地面铺以红砖，圆中有方；线刻铺地“涌泉穴”寓意滋水涵木，体现中医火中有水，水火既济的阴阳平衡理念。广场及道路周边设置宣传栏，展示及宣传中医养心方面的知识和日常生活中的养生方法，通俗易懂，令人受益匪浅。

此区域种植以红色花系为主的植物，如红花刺槐、紫叶矮樱、碧桃、贴梗海棠，点缀黄色的连翘，在嫩绿的垂柳下营造早春欣欣向荣的植物景观。

（2） 木区（肝区）

木区（肝区）位于园子的东边，以青绿色调为主。此区域的主体是一组曲折迂回的养生长廊，围合成一个草药圃，名为悦和苑，是养生知识宣传及室外草药展示之所。长廊展示以彩绘、浮雕及展板为主体，宣扬中医养生文化。还有中医养生适宜技术展示，包括拔罐、艾灸、刮痧、药枕、药浴等，以贴近大众、通俗易懂的语言传达了中医药的保健技术。长廊拐角之处，立一尊针灸铜人，铜人采用明代官办铜人的形制，标示了361个穴位，游人触手可得穴位，与自身对照，增加了参与性和趣味性。养生坊是养生保健互动演绎及售卖为一体的综合区域，给大众传达养生之道、养生之法和养生之源。在养生坊，可邀约中医药专家进行养生文化介绍并设置若干中医传统养生体验项目。悦和苑内还设有药房茶社，药房茶社命名为杏林问茶，它具有3个功能：一是展示中医药文化底蕴。整体空间装饰为古中医药房，装饰物件有：牌匾、药柜、宝阁、柜台及制药工具、采药工具、医疗器具、著作等。二是中医药人文演绎及养生常识展示，即进行人文表演，如：开方、抓药、制药过程等。三是通过茶文化让人们了解“以养御治”的养生理念。草药圃，草木丰茂，以应肝之升发，其色青绿，以应肝之主色。这里种植了40余种华北地区适宜生长的药用植物，主要有扁茎黄芪、落新妇、沙参、北柴胡、薄荷、北仓术、铁线莲、地黄、旋复花、防风、远志、芍药、华北耧斗菜、中华委陵菜、东北土当归等。

（3） 水区（肾区）

水区（肾区）在整个园区的北边，道路铺设以暗黑色调为主；肾是人生命活动的根本所在，水是整个养生园水系的发源。

整个水区（肾区）呈现出山环水抱的园林景观，名曰：“明和仙域”。日月为明，以“日”和“月”代表肾阳和肾阴，“和”字与整个养生园的设计理念相吻合，以孙真人映衬“仙”字。以山洞、瀑布、深潭、跌水、小溪，营造出宁静惬意的养生环境。药王制药的雕塑位于瀑布一侧，描绘了唐代伟大的医学家孙思邈读书制药场景。孙思邈一生著作数十部，场景取最有代表性的《千金药方》和《千金翼方》放于前，同时手拿《大医精诚》长卷，体现其仁爱之心。旁边宣传牌展示了孙氏“养生十三法”，即：发常梳，目常运，齿常叩，漱玉津，耳常鼓，面常洗，头常摇，腰常摆，腹常揉，摄谷道，膝常扭，常散步，脚常搓。为对应黑色（深色），植物景观以常绿植物为主，如油松、雪松、青扦、华山松、沙地柏等，山石周围也围绕着似自然生长的植物，有紫丁香、金银花、金银木、迎春、棣棠等，形成“虽由人作，宛自天成”的景观效果。

（4） 土区（脾区）

由水区拾级而下，就进入养生园的中心特色区域——脾土区。土区（脾区）位于整个园区中心。脾和运动相关，所以这里设置了二十四节气运动养生广场，作为群众运动健身的场所。

“时间养生”是中医养生的重要内容之一，广场周边摆放了“二十四节气”的主题地雕，并设立4个主要节气，即立春、立夏、立秋、立冬的石墩，展示不同节气与老百姓息息相关的养生知识。养生广场的中心渐渐升高，在3个抬高的斜面上雕刻了黄色的“水、云、火”纹，分别代表着“精、气、神”，表现“和合”的精髓。土区以春天黄花的连翘、棣棠、黄刺玫和秋天黄叶的元宝枫为主，搭配海棠花、雪松，主要是在保留现状的基础上，进行植物景观升级改造。

（5） 金区（肺区）

由土区向西南进入金区，即肺区。肺区位于园区的西面，以白色调为主。肺是人的呼吸器官，金区（肺区）以林木为主，通过高大的侧柏林、银杏林及点缀的七叶树，营造安静的“呼吸吐纳”的养生环境。林下开辟了动、静两个小广场。调息广场适于练习静功，位于金区的茂林之中，是一个相对闭合的养生空间。按照五行理论，肺属金，肾属水，金生水，所以肺阴与肾阴相互滋生，称为金水相生，广场上以“金水相生”景石为中心，设置有 6 个调息打坐台，滴滴答答流水不断的景石给练习呼吸吐纳的人们提供了视觉焦点。导引广场，适宜导引运动。导引是指由意念引导动作，并配合呼吸对形体进行锻炼的运动。健身步道位于导引广场的边上，是按照中医足底按摩原理设置而成的。步道上铺有突起的卵圆形小石头，游人可赤脚行走其上，以按摩足底穴位和反射区，从而调节脏腑，强身健体。沿路宣传展示中医养肺、调息及足底经络等养生知识和养生方法，寓教于乐。

植物景观特色

结合景观主题，植物景观在结合现有植物进行调整提高的原则指导下，设计栽植具有中医养生健身价值的特色医药植物，展示介绍植物的药用特性与药用价值。同时，结合 5 个特色空间，选用相应的植物进行配置，营建健康、绿色的养生环境。园内种有 40 多种中草药及近 20 种可以入药的乔灌木。

特色植物选择：扁茎黄芪、宿根天人菊、蓝蝴蝶鸢尾、北柴胡、芍药（白）、北仓术、射干、猪毛菜、美女樱、地黄、落新妇、沙参、北柴胡、防风、宿根亚麻、远志、蛇莓、黄精、毛茛、中国石蒜、鼠尾草、长筒石蒜、金鸡菊、金莲花、中华委陵菜、铺地委陵菜、东北土当归、宿根亚麻等。

结语

北京地坛中医药养生文化园的建成，凝聚了北京创新景观园林设计有限责任公司、中国中医科学院中医临床基础医学研究所、中国中医科学院药用植物研究所、北京市东城区园林局等多个单位的思想智慧。从设计到竣工仅历时 5 个月，并且在景观改造的过程中未动一棵大树，尽量利用原有道路设施，尽可能做到节约、生态、快速。开园后，吸引了大量游人前来观赏、游憩，社会评价很好。北京地坛中医药养生文化园作为国家中医药发展综合改革试验区的示范工程，是一次勇敢的创新和开拓，为中医药文化的传播与展示发挥了积极作用，也为“养生文化”主题公园建设提供了一个可行的、崭新的思路。

寻求自然野趣

紫玉山庄

项目地点：北京市朝阳区
用地面积：$38hm^2$
设计时间：1994 年

这是我们公司最早的地产项目之一，也是一个成功的公园地产的案例。项目利用绿化隔离地区待征地的政策，结合房地产的开发营造了一座具有田原风光、朴素的自然山水环境。时隔近 20 年，仍然能保持自然式的景观特色，而少有人工痕迹，是难能可贵、值得提倡的。

低投入、高生态

回龙观文化居住区 1 期

项目地点：北京市昌平区

用地面积：77hm²

设计时间：1999~2000 年

获得奖项：2000 年度北京园林优秀设计二等奖

作为北京首个经济适用房小区的环境设计，具有典型的示范作用。在限额设计的前提下，达到了低投入、高品质的优美环境居住区，环境设计始终都是将居民作为关注的中心，涵盖了人们以居住为核心的各种活动及行为，包括个体、家庭和社会 3 个层面的需求。设计师充分将中心公园与宅间绿地形成相互渗透与融合，通过“绿色 + 艺术”的叠加设计思路，表达人们了对“充满智慧地回归自然”的一种渴望，不仅提供了美好的环境，还体现出了高品质的艺术氛围。

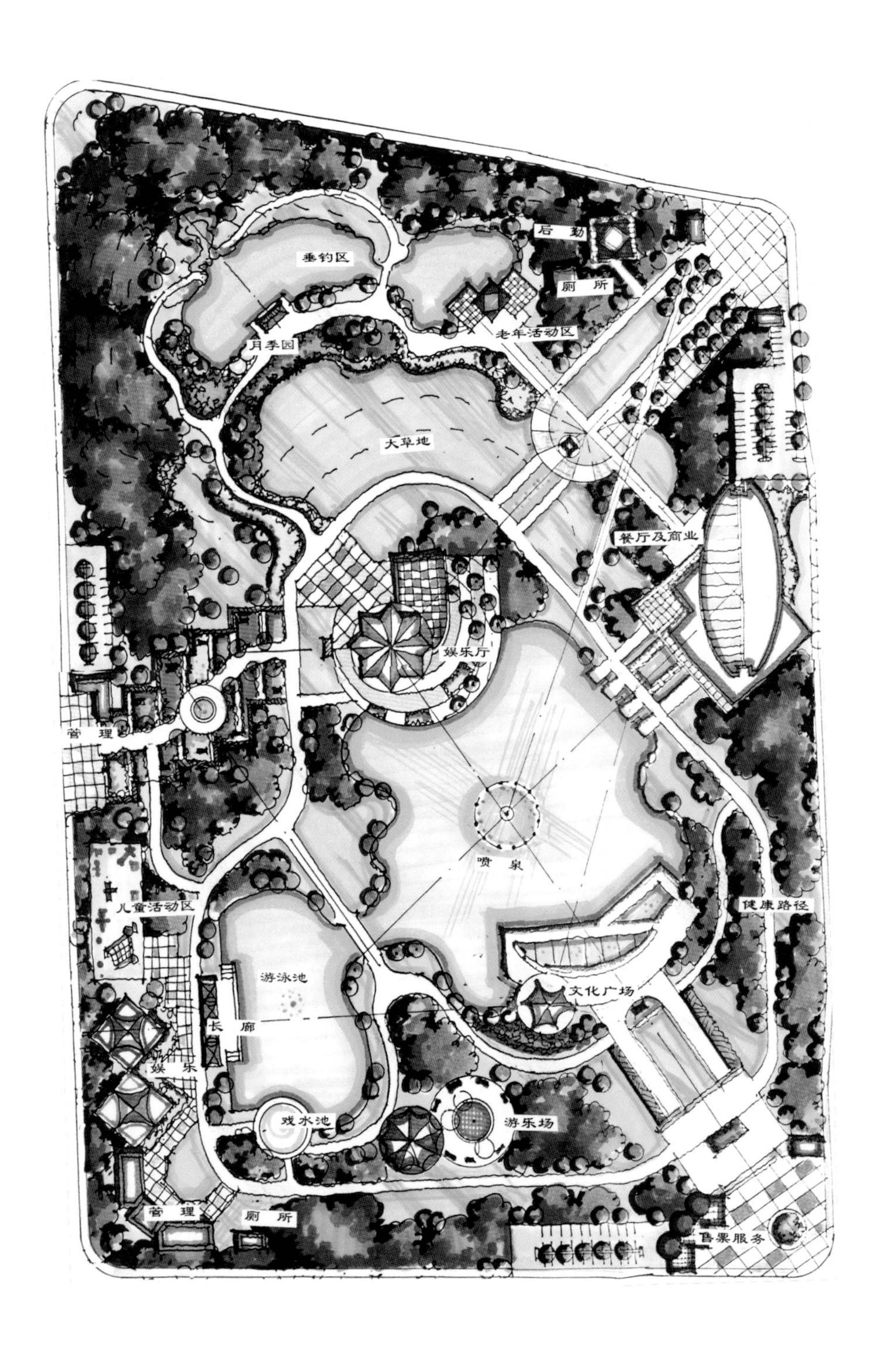

中心广场抽象的龙主题雕塑

公园沙盘模型

流线型艺术廊架

中西元素相结合的公园围栏

艺术景墙上的透景窗

楼间绿色休息区

楼间绿色休息区

北京印象的景观

观唐中式别墅区

项目地点：北京京顺路中央别墅区
用地面积：0.1hm²
设计时间：2004 年
获得奖项：2006 年度北京园林优秀设计三等奖

规划思想结合了传统风水说和古代城市规划手法。师法自然，在现代别墅中创造出传统诗情画意——“结庐在人境，而无车马喧”。

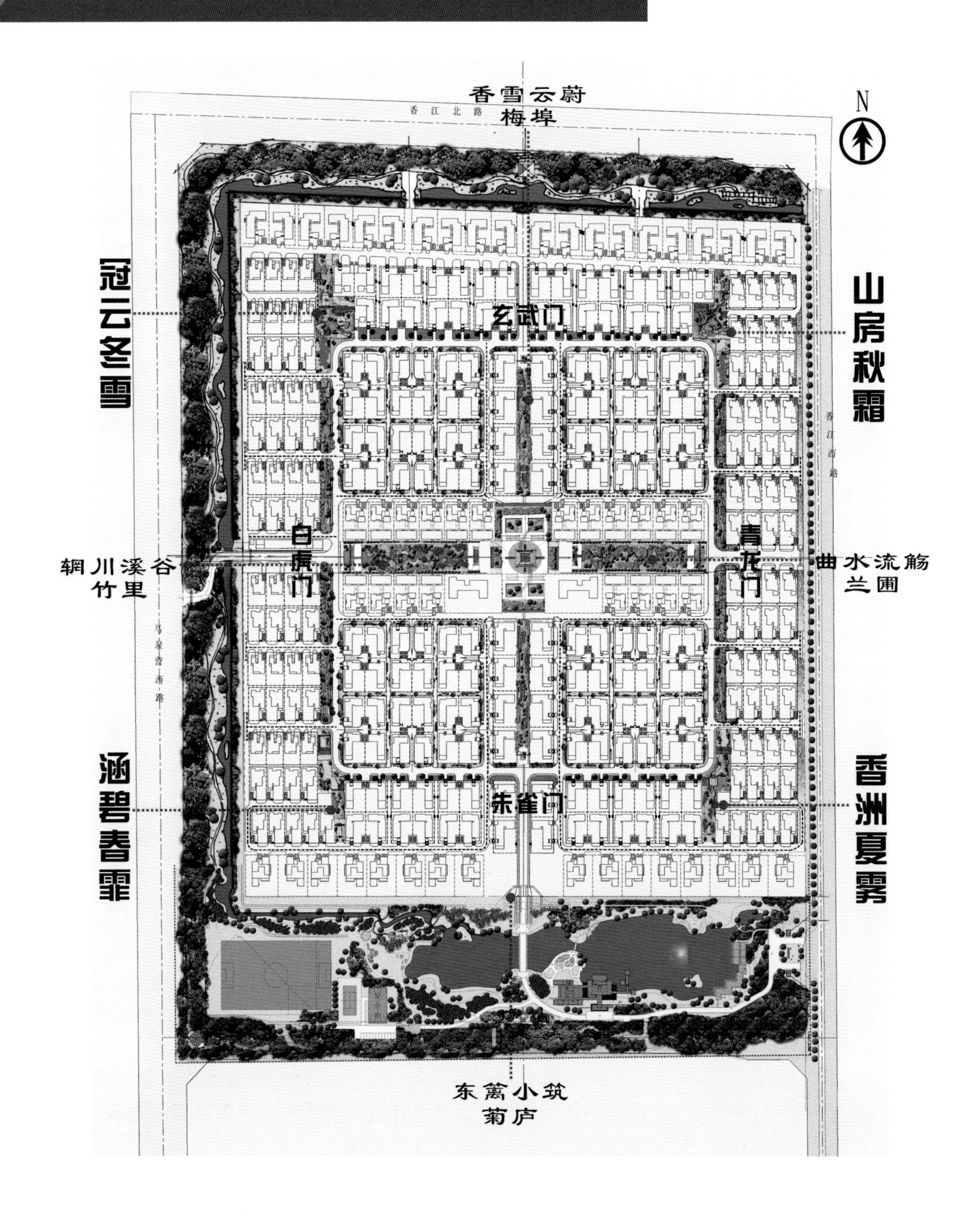

冠云冬雪

本案位于京顺路中央别墅区核心，是北京第一个纯中式别墅项目。包括外围代征绿地 10余hm^2和别墅区内4.5hm^2绿地。观唐的南侧公园于 2004 年 9 月完工，西北林带亦于 2005 年春天实施完成，红线内一、二期的环境陆续于 2005 年底完工，其中 2 个园中园，虽然面积不大，只有 1000m^2 左右，但却很好地体现了中国古典文人园林的精致和韵味。

中部十字形绿地以仙人承露台为景观中心，承露盘中的水跌入下面水池，并向四方绿地漫流，象征着水源自天而降，润泽四方。

其中借鉴王羲之曲水流觞的兰圃以春赏玉兰，借鉴王维的辋川溪谷的竹里以夏临竹溪，借陶渊明菊庐以赏秋意浓郁，借鉴范蠡梅埠冬品蜡梅傲骨幽香。这些精巧的小景致，引借了传统园林文化经典。

南部观唐公园，用地约为 7.5hm^2，其中水面积达到了 1.3hm^2。公园营造了现代运动休闲场地与自然山水为一体的景观空间。水面被山地与树木花草围合，又通过小岛与小桥分隔了空间，围墙上的漏窗，隐约显现了园中景致。

园内还有水上高尔夫、篮球场、棒球场等运动场地及烧烤、品茗等休闲内容，还有赏花观荷的雅致，寻蒲伴苇的野趣，扶柳沐风的宽阔，觅竹踏花的幽深。

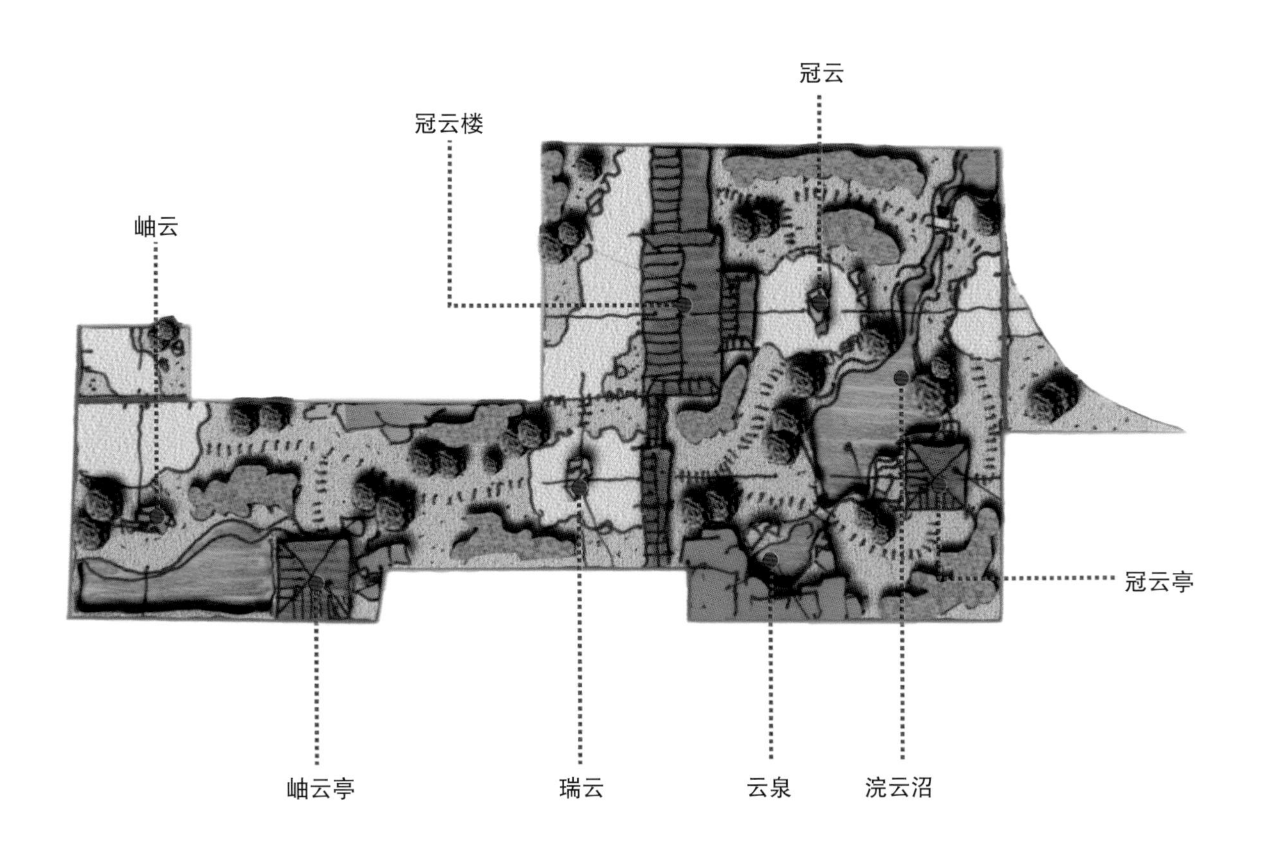
冠云
冠云楼
岫云
冠云亭
岫云亭
瑞云
云泉
浣云沼

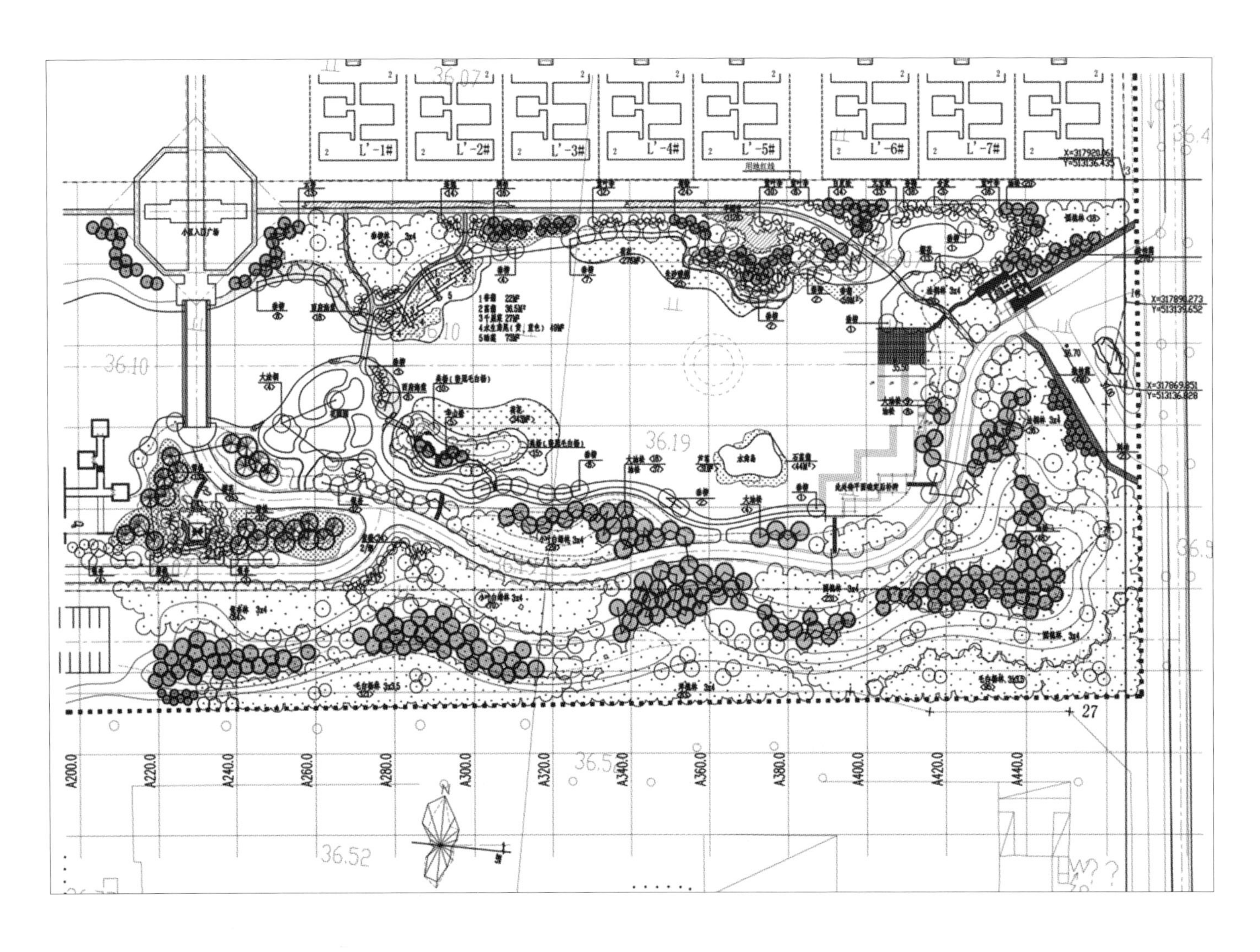

山房秋霜

山房秋霜

欧陆风情的居住区景观

珠江帝景 B 区

项目地点：北京 CBD 商业圈西大望路甲 2 3 号
设计面积：4.25hm^2
设计时间：2004 年
获得奖项：2006 年度北京园林优秀设计三等奖

居住区景观不仅融合了建筑、功能、美学、生态等丰富的理念，同时也赋予了更多层次的设计内涵，这就要求设计者要了解不同文化的主题表达。欧洲文化注重细节，反映欧式古典主义风格的居住区环境是本项目特色和重点。

珠江帝景 B 区是具有欧式风格特色的居住区，景观采用中轴对称式的布局，虽然受限于地下车库荷载和小区内部空间的限制，但能够利用创造高程带来的立体变化，来营造不同景观和主题环境。欧式喷泉水景运用丰富多样，有强调景观轴线的长形水池，也有适合小空间的雕塑水池。绿化形式采用自然与规则相结合，模纹花坛、欧式图案铺地来体现欧式园林的自然美与韵律美。比较紧凑的景观小品，移步异景的转换，打造欧式园林的宜人尺度空间，既有异域风情的观赏性，又可以满足业主的健身娱乐休闲要求。

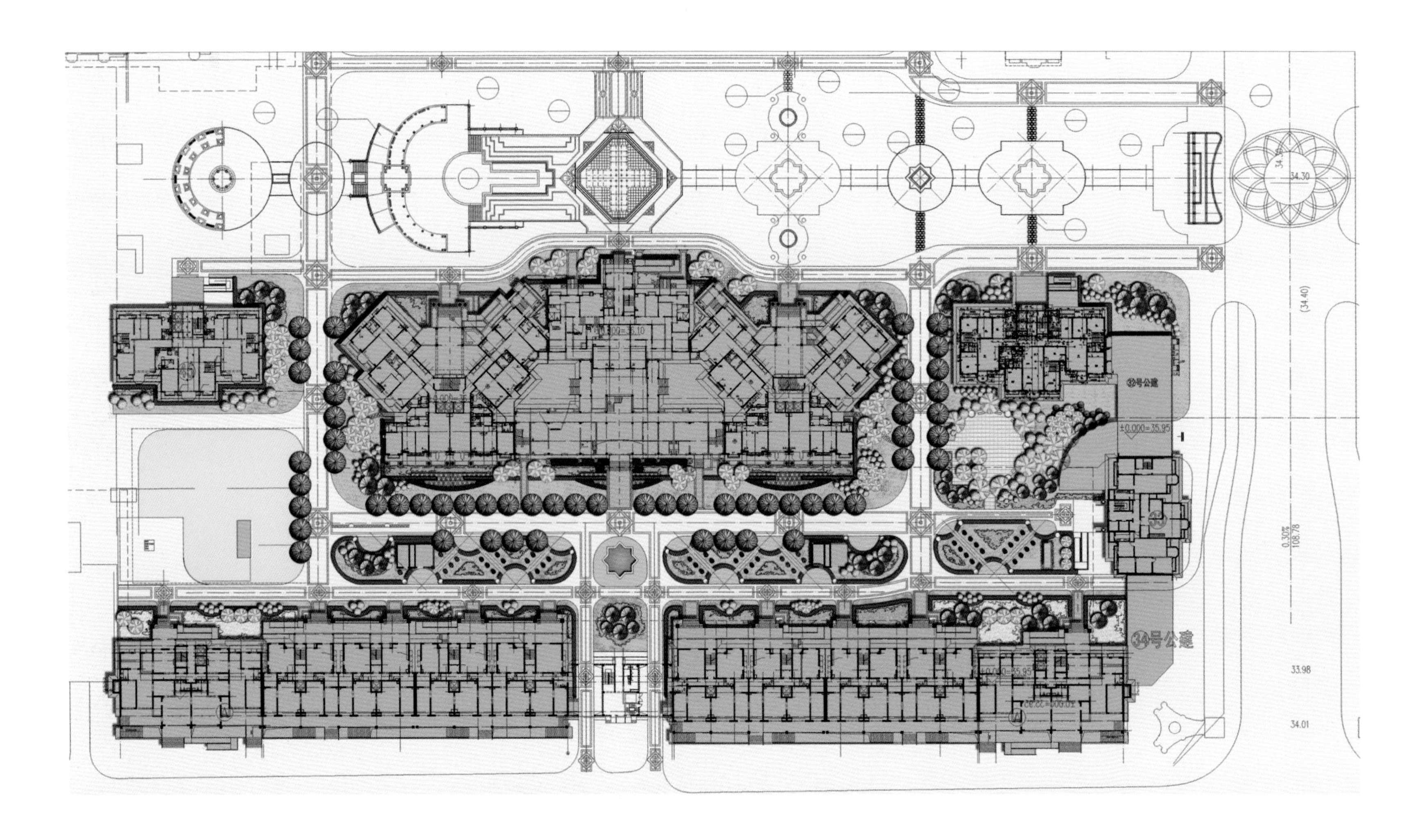
34.30
(34.40)
32号公建
±0.000=35.95
0.30%
108.78
34号公建
33.98
34.01

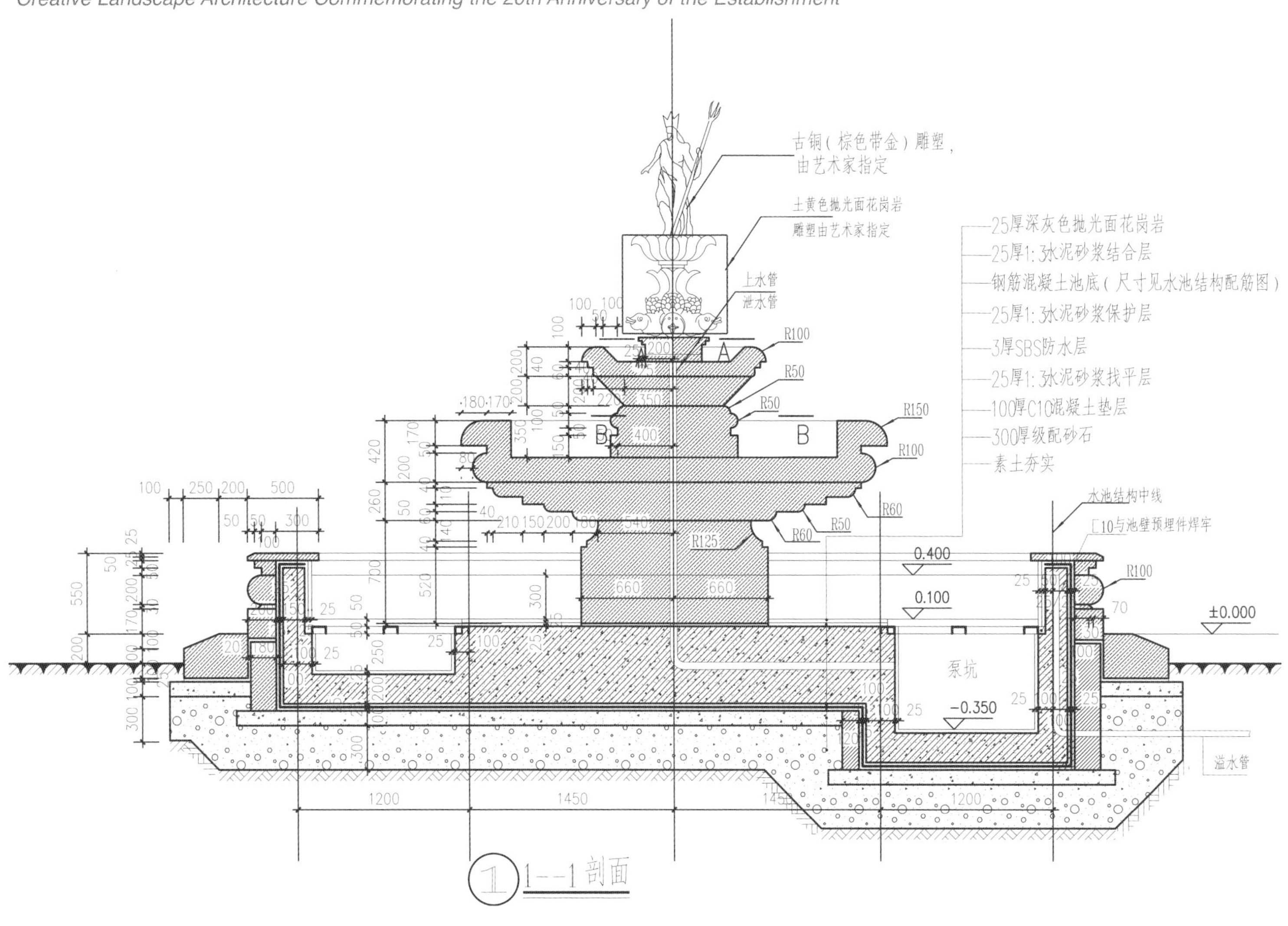

①1--1剖面

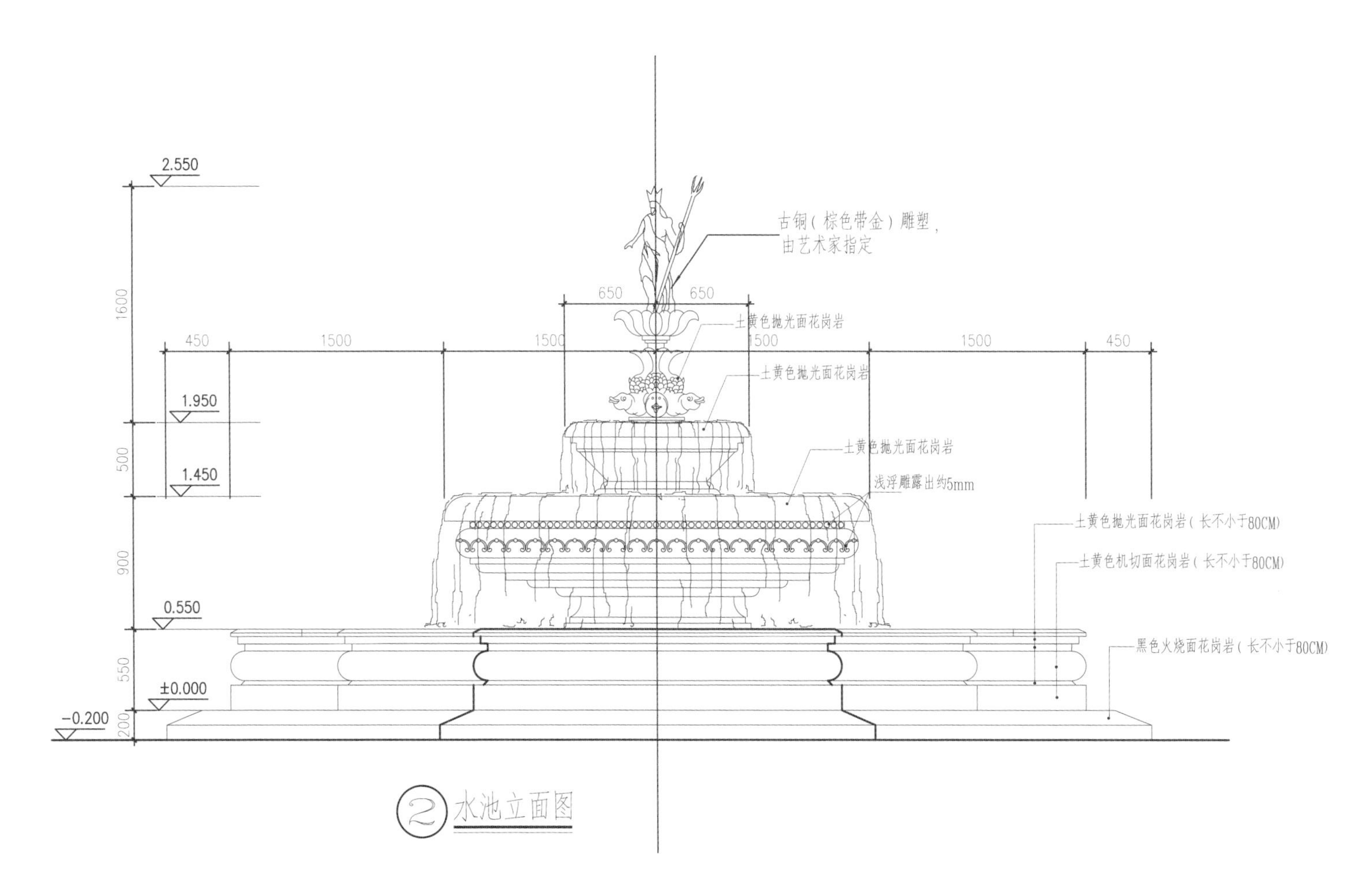

②水池立面图

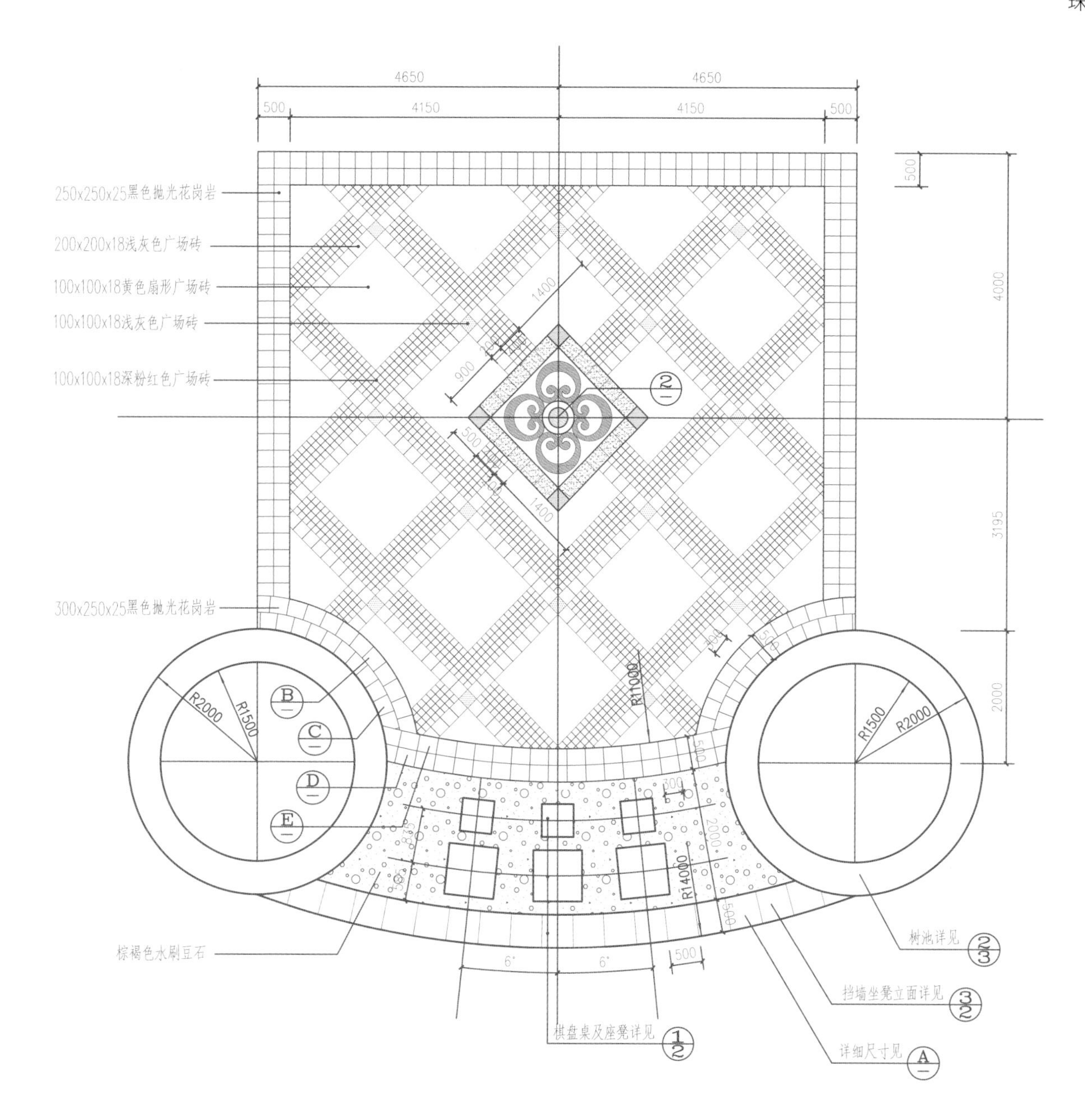
4650
4650
500
4150
4150
500
250x250x25黑色抛光花岗岩
200x200x18浅灰色广场砖
100x100x18黄色扇形广场砖
100x100x18浅灰色广场砖
100x100x18深粉红色广场砖
300x250x25黑色抛光花岗岩
棕褐色水刷豆石
R2000
R1500
R11000
R14000
4000
3195
2000
树池详见
拦墙坐凳立面详见
棋盘桌及座凳详见
详细尺寸见

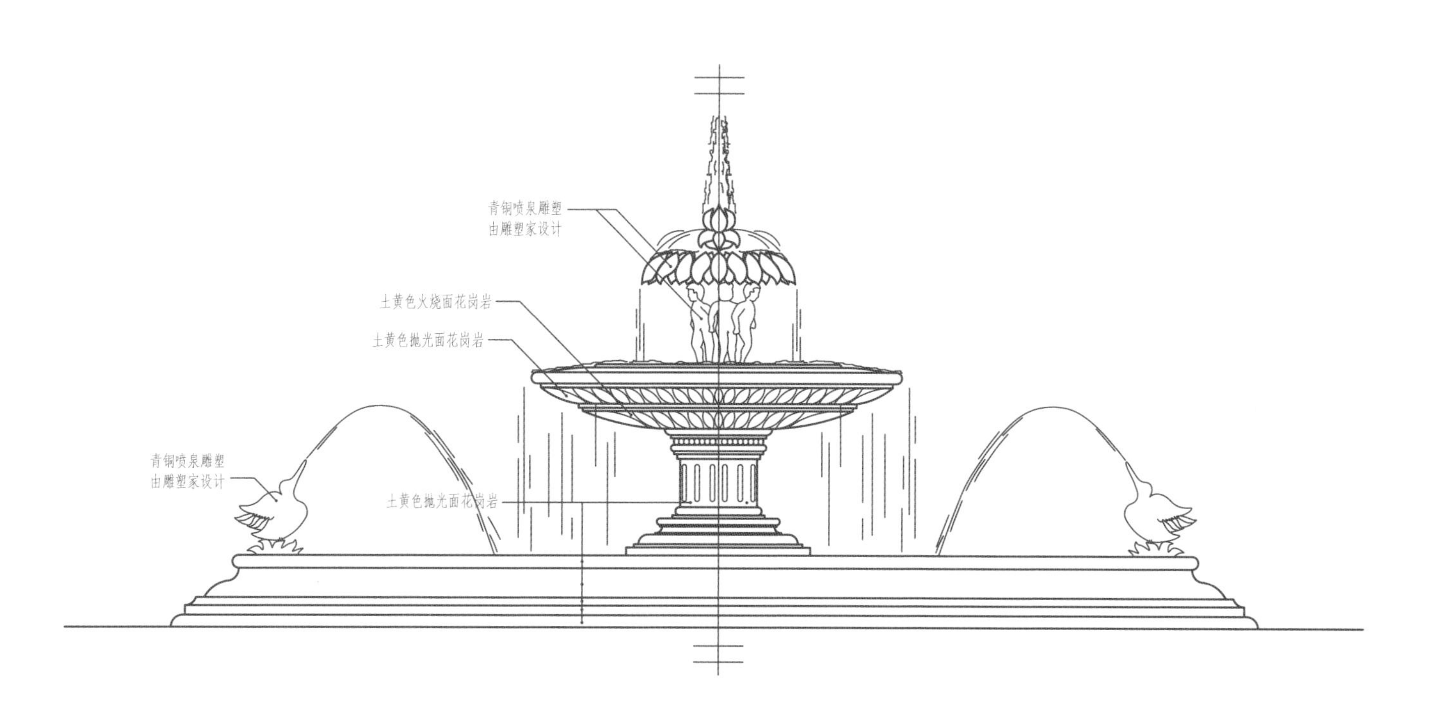
青铜喷泉雕塑
由雕塑家设计
土黄色火烧面花岗岩
土黄色抛光面花岗岩
青铜喷泉雕塑
由雕塑家设计
土黄色抛光面花岗岩

小空间大意境

紫御府

项目地点：海淀区西外太平庄村

用地面积：1.72hm²

设计时间：2006 年

“曲径微花通幽处，移天缩地入君怀”。紫御府以皇家园林恢宏大气、优雅精致的风范作为庭院景观设计的追求，借自然之景，创山水真趣，得园林意境。以传统文化为传承根基，结合现代人的审美品位与景观需求，营造中国现代园林式的园林景观。

紫御府中心庭院景观是中国现代园林式的豪宅景观的代表。5000m² 的庭园山环水复，柳暗花明，听香、看舞、曲院、风荷，方寸之间，意境无穷。

传承中国传统园林文化与造园手法，小空间营造大意境。

泉高曲和：飞瀑流泉，观飞花碎玉之景，听叮咚潺咕之音，天地间高岭山壑，尽在意中。

雀台歌舞：“从明后而嬉游兮，登层台以娱情。临漳水之长流兮，望园果之滋荣”，将昔日王家的闲情逸致融入现代园林之中。

岚溪萝月：“明月松间照，清泉石上流”，花叶低垂，泉水明响，令居者忘忧，忘倦，身心怡然。

禅室清音：道路婉转迂回，竹林深处，禅室幽然。清风徐来，竹影婆娑，让人忘却喧嚣，回归宁静。

金石如意：开门即迎如意，运用对景、框景、障景等传统造园手法，先抑后扬，成为庭院景观的序曲。

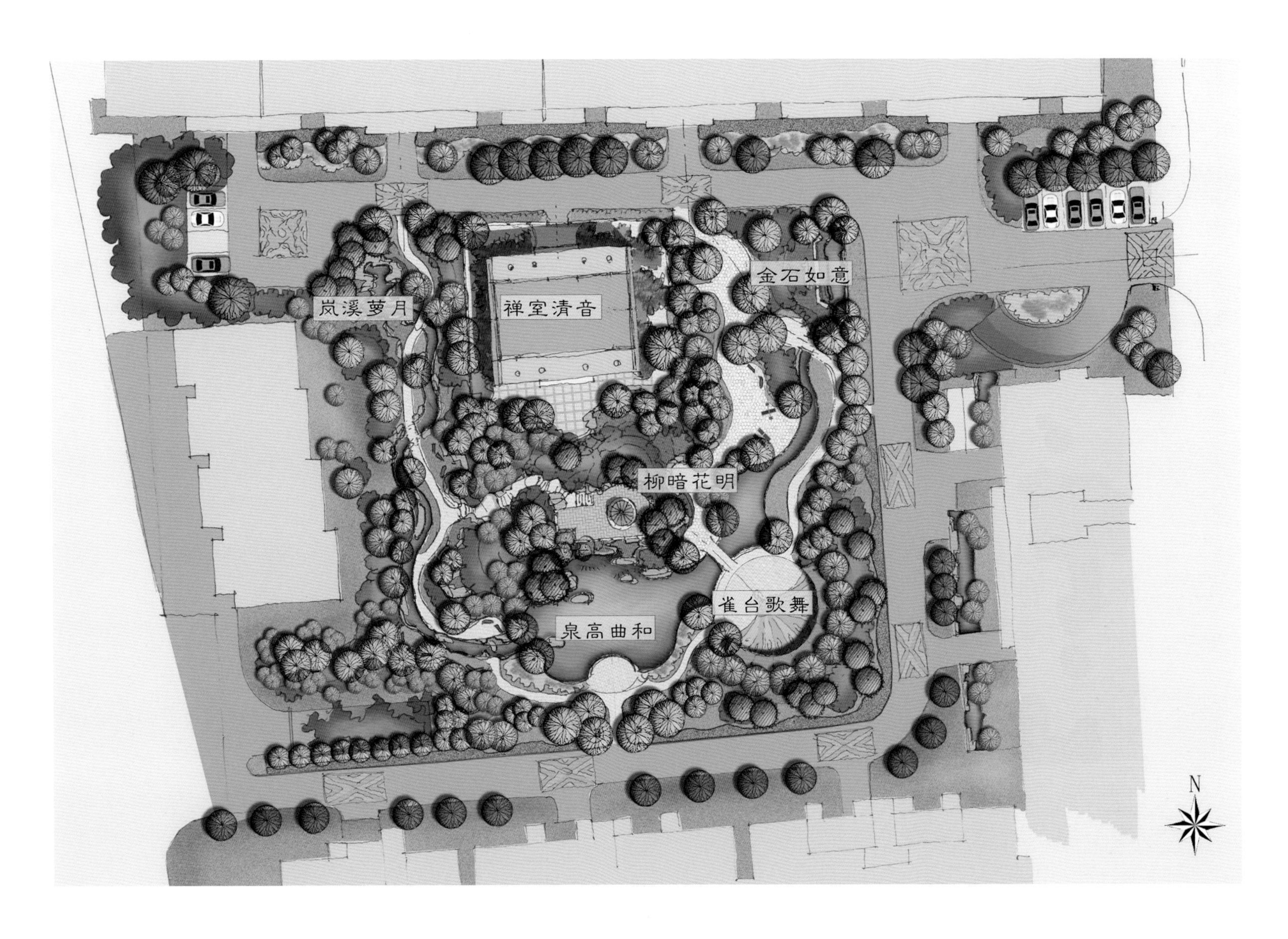

泉高幽和

岚溪梦月

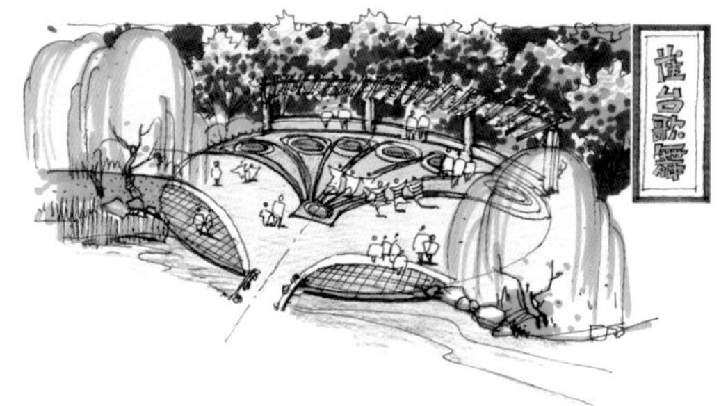
雀台歌舞

禅室清音

金石如意

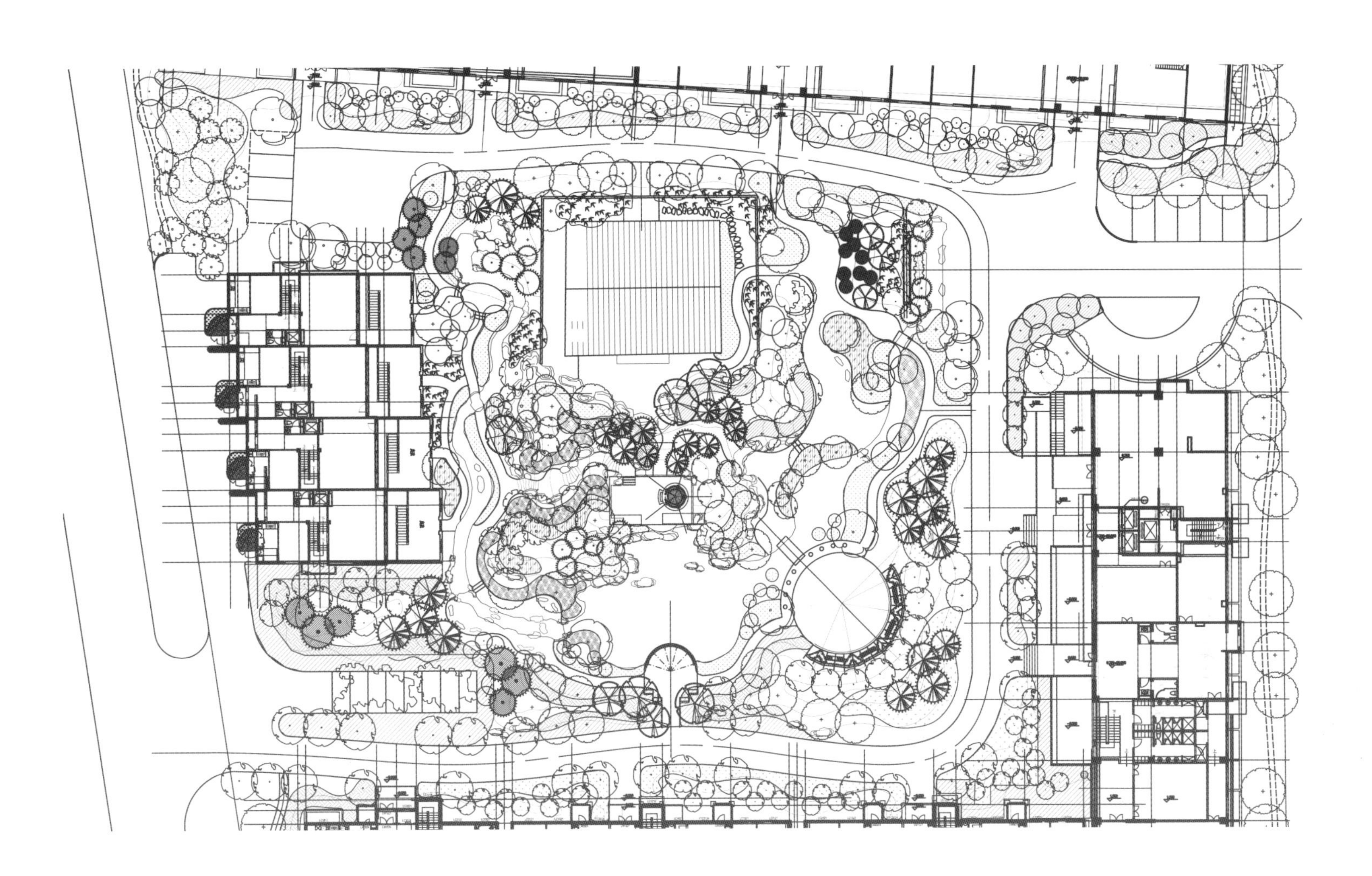

奥运功能传媒文化住区新景观

奥运媒体村

项目地点：北京市朝阳区
用地面积：$11hm^2$
设计时间：2009 年
获得奖项：2009 年度北京市奥运工程绿荫奖二等奖

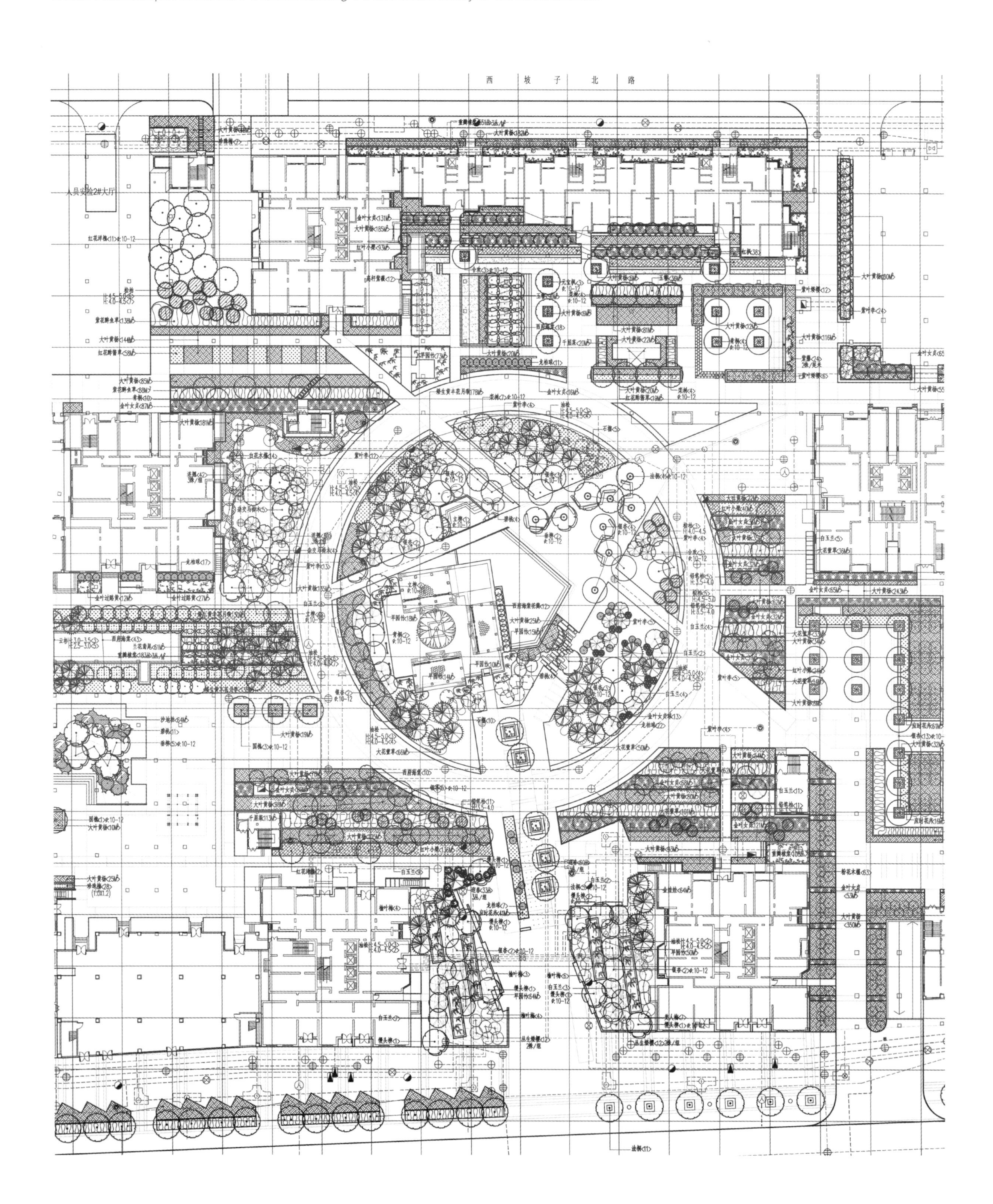
西 坡 子 北 路

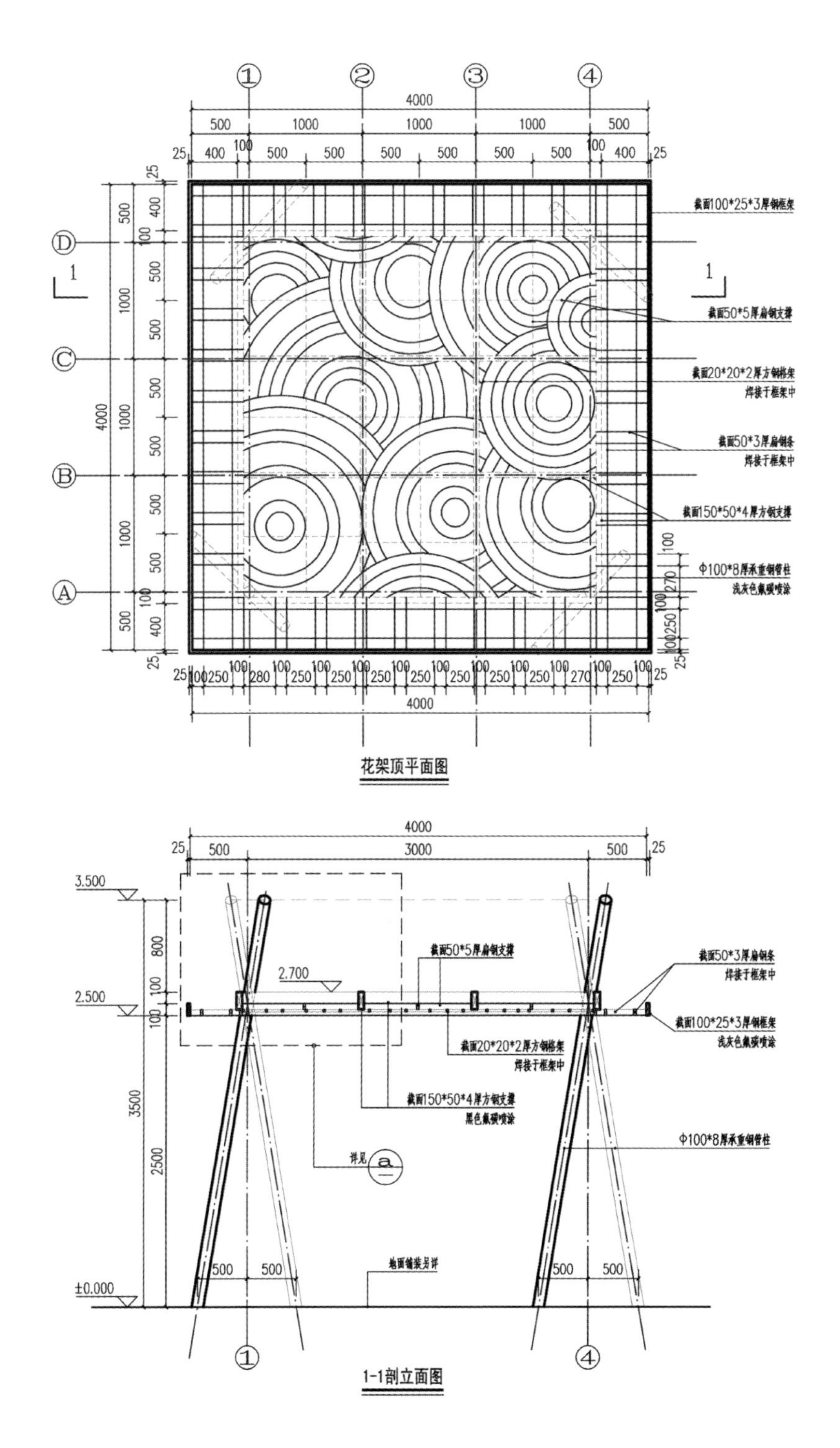

花架顶平面图

1-1剖立面图

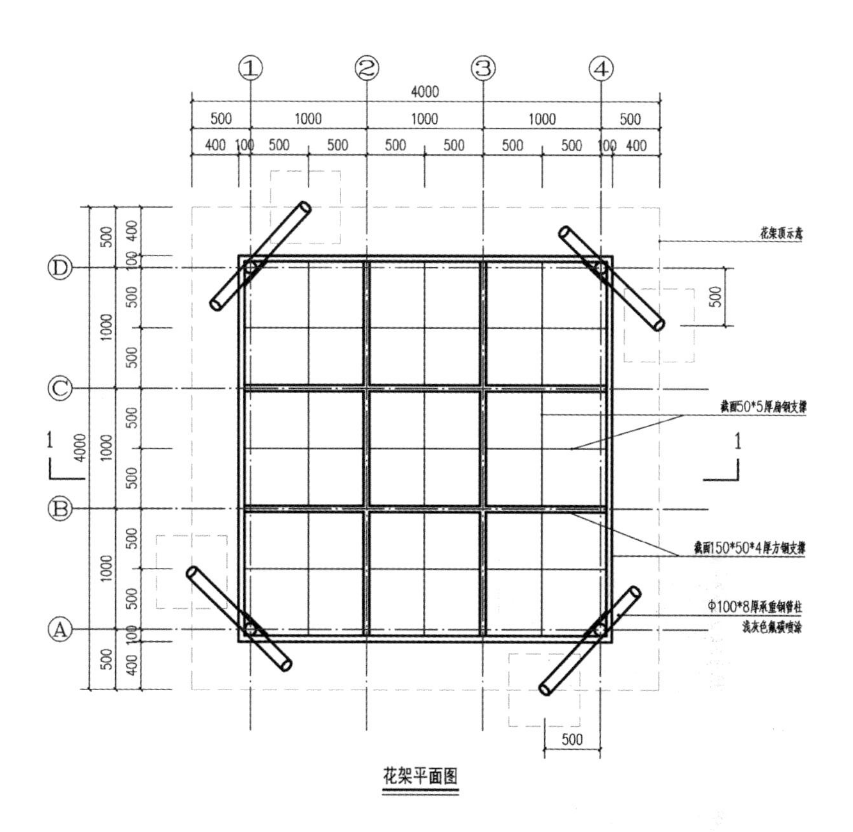

花架平面图

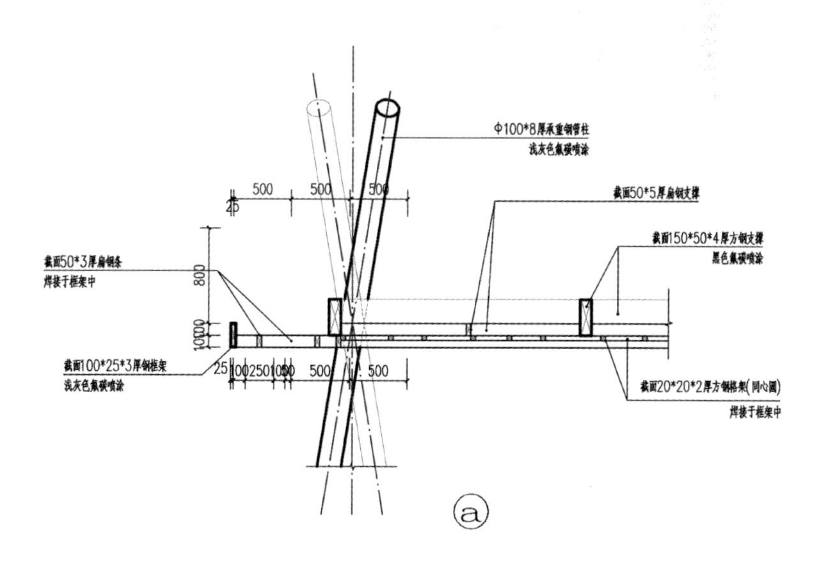

现代郊野公园追求的目标

海淀温泉郊野公园（一期）

项目地点：北京市海淀区
用地面积：40hm^2
设计时间：2006 年
获得奖项：2008 年度北京园林优秀设计一等奖

以防护功能为主体的风景式城市绿化带，适当结合城市绿地功能的需要，追求生态良好和自然的景观特色，以适地、适树、适花、适草，来促进生态体系的良性循环。“田园式、生态型、现代化”应该成为城市郊野地区现代景观园林设计追求的目标。

强调完整性、连续性、观赏性。清晰的结构表现了明确的主题。以西山地区自然群落模式为蓝本，主要采用自然种植手法，注重现状树的保护和合理利用，形成丰富的植物层次、季相变化及景观空间。结合现有条件，尽可能采用节水、节能措施，促进绿地良性循环生态体系的建立。本着先绿化后使用的设计思路，为今后发展留有余地，绿地的使用功能根据周边的发展需求不断提升与完善，不宜一次性建设过多内容。

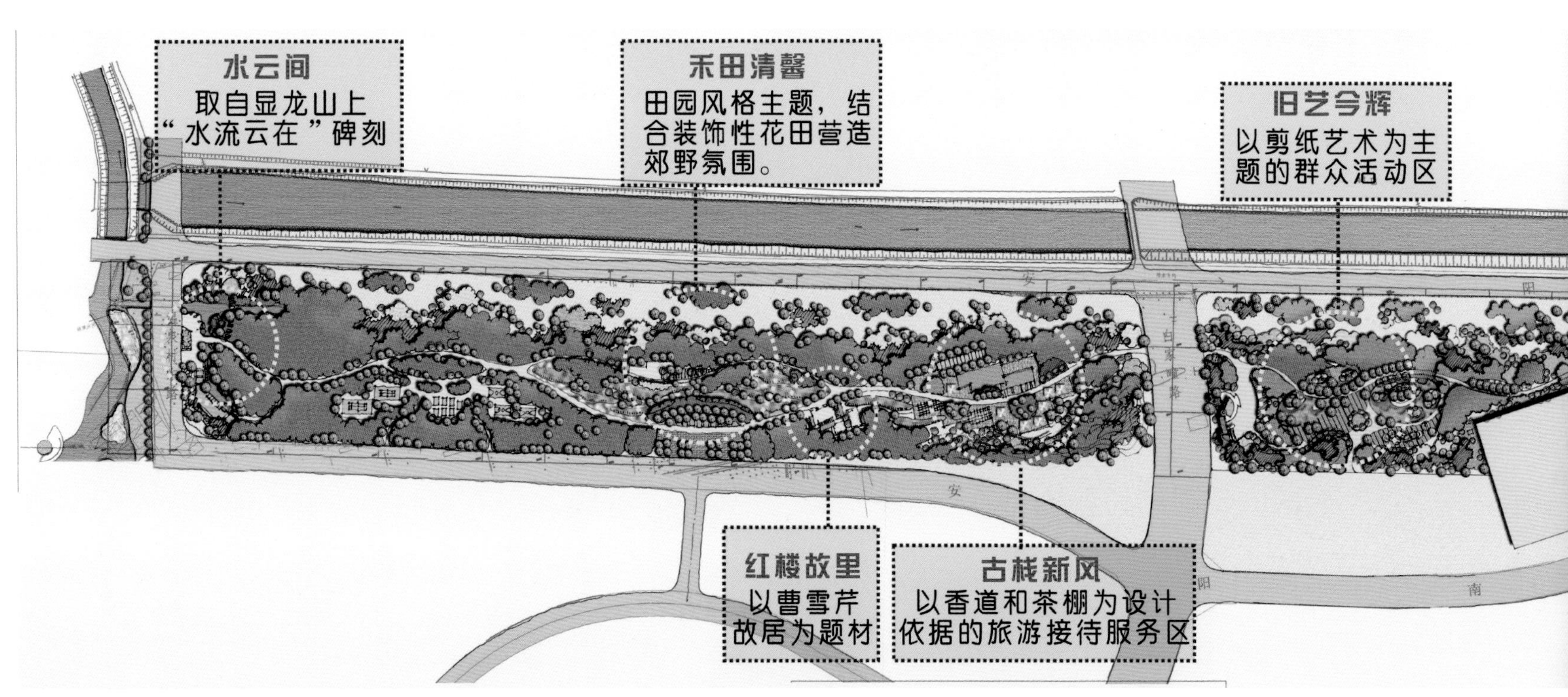

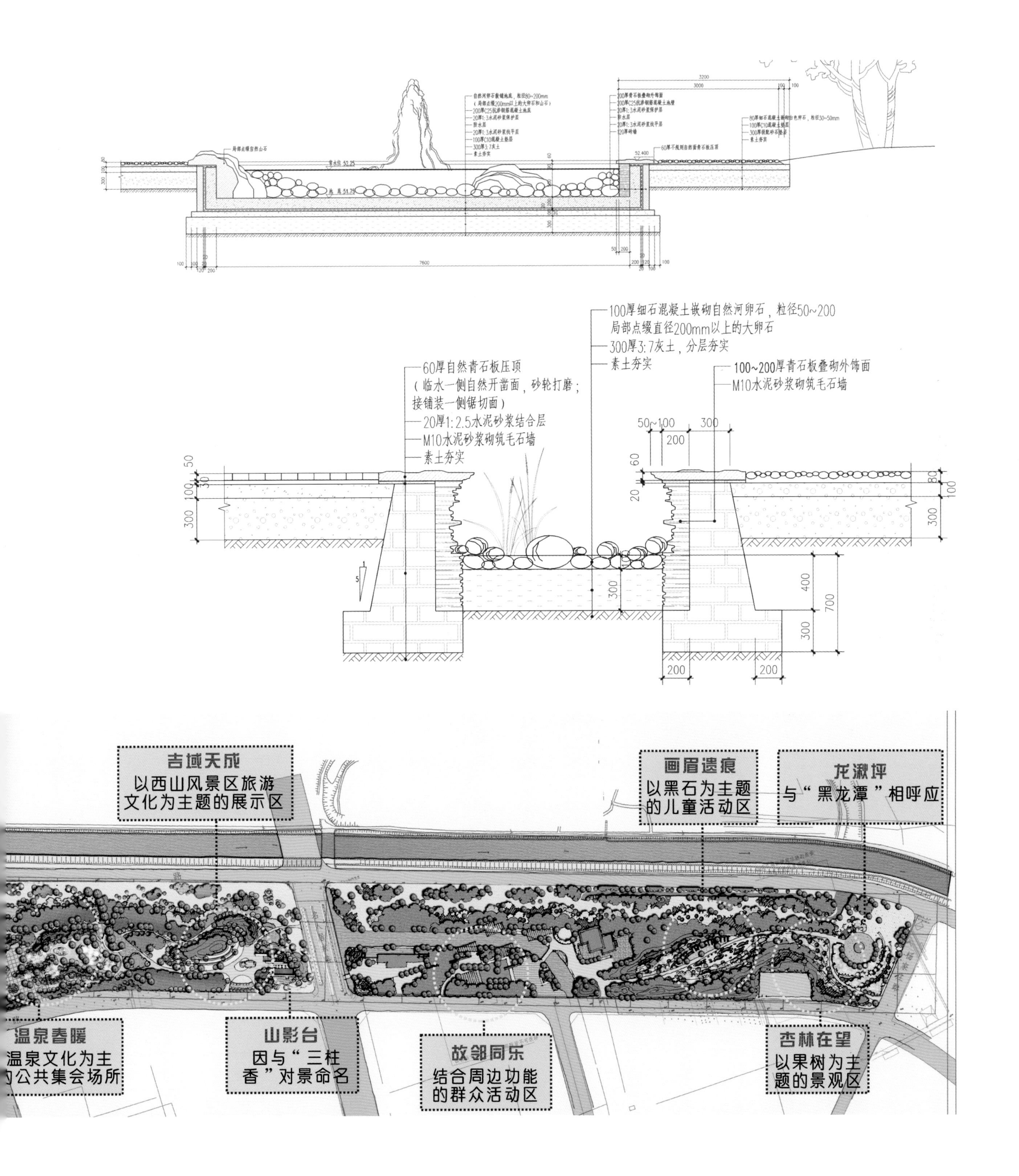
100厚细石混凝土嵌砌自然河卵石，粒径50~200
局部点缀直径200mm以上的大卵石
300厚3:7灰土，分层夯实
素土夯实
60厚自然青石板压顶
（临水一侧自然开凿面，砂轮打磨；
接铺装一侧锯切面）
20厚1:2.5水泥砂浆结合层
M10水泥砂浆砌筑毛石墙
素土夯实
100~200厚青石板叠砌外饰面
M10水泥砂浆砌筑毛石墙
吉域天成
以西山风景区旅游
文化为主题的展示区
画眉遗痕
以黑石为主题
的儿童活动区
龙湫坪
与“黑龙潭”相呼应
温泉春暖
温泉文化为主
的公共集会场所
山影台
因与“三柱
香”对景命名
故邻同乐
结合周边功能
的群众活动区
杏林在望
以果树为主
题的景观区

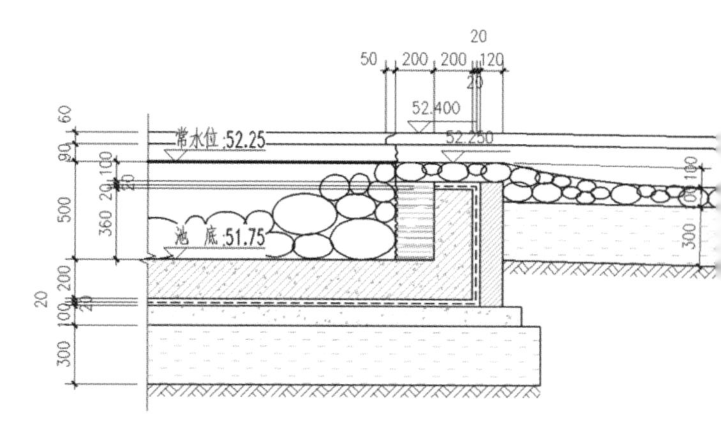
20
50
200
200
120
20
52.400
常水位 :52.25
52.250
池 底 :51.75
60
90
500
360
20
100
200
20
100
300
300

52.200
51.900
51.700
51.700
300
变坡线
变坡线
变坡线
2500
500
常水位 51.50
51.400
池 底 51.00
M10水泥砂浆砌筑毛石墙
100
100
400
300
500
840
200
300
20
200
200
20
940

提炼荒山造林潜在的特色价值

北宫森林公园

项目地点：北京市丰台区

用地面积：200hm^2

设计时间：2004 年

这是在林业部门多年荒山造林基础上的综合提升项目。当生态效益基本稳定之后，为群众提供文化休闲、运动健身，进一步提升为“郊野公园”就成了必然要求。我们的设计，主要包含修复生态的植物大规划，增加彩叶、地被、野趣，注入文化内容，增加休闲茶室、滨水码头。这个依山面水的风水宝地成了离城市中心区最近国家级森林公园和丰台区的会议中心。由于甲方的努力和设计的支持，这里从出石板的地方成了有很大知名度的公园。荒山造林—绿化提升—注入文化，是一个普遍规律。

规划目标及原则

规划遵循了整体的原则、特色的原则、可持续发展的原则和以人为本的原则。在尊重场地现状、保护生态、保护植被、提升文化基础上，为游人提供必要的服务设施和交通游览系统。

规划方案说明

北宫森林公园是依托山、水及绿色植被构成的森林公园。以自然山水景观为特色吸引游人欣赏，享受大自然。公园距城区非常近，是其突出的优势之一。在以保护为前提进行利用开发，公园分为自然植被保护区、风景游览区、发展控制区。

此前，公园虽然已经营造了几处景点，但景点尚无题名。就公园总体讲，全园应有不同特色的景区，景区景名应为一个系列，对全园有个概括，以文化层次来吸引游人，共同组成公园的人文景观。实现：

全园十六景，景景不相同。

山林有特色，沟沟景致殊。

03.

绿色生态规划

本次规划范围内，大部分为山地和谷地。属于北京郊区土层较薄的荒山造林地形，自然生长着以荆条为主的灌木林，经过多年的爆破造林，现状山上及沟谷生长侧柏、油松、黄栌、杏树、柿树、元宝枫、洋槐、榆树等山区树种。在小江南湖区种植有适合平原生长的垂柳、雪松、栾树、银杏、水杉等树种。增加野花地被，也是公园绿化的重要措施。

关于环境容量

每一个公园根据其总面积、道路及广场面积，可以计算出大约能接待游人的数量和能力。如果超过其环境容量，就可能对环境造成破坏，如果达不到一定游人量，经营方面就可能出问题。经过估算，北宫目前已开发1500亩地，正常情况下可以接待2000人左右。为2000人服务配套的停车场、内部交通车及厕所、服务设施等，应按照接待旅游的状况，将其配套开放，例如：从山上至山下各景区附近均应设置厕所，应不少于5个。小江南设置茶室服务中心，山上增建会议度假建筑是十分必要的。其他零散的建筑应当加以控制。

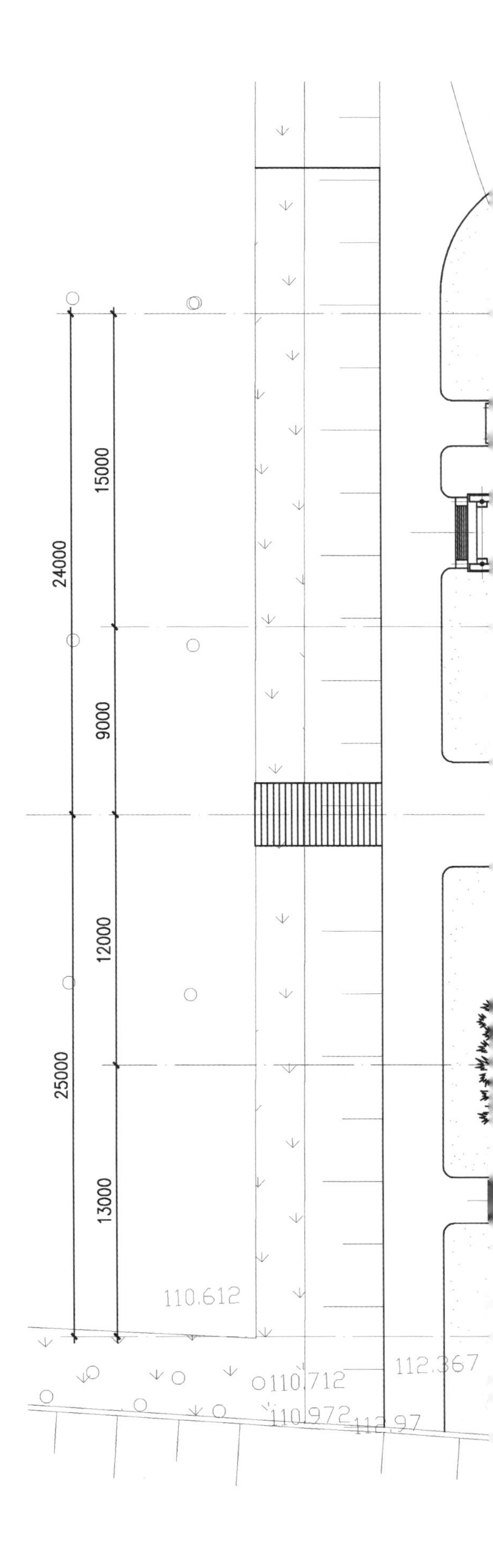
24000
15000
9000
12000
25000
13000
110.612
110.712
112.367
110.972
112.97

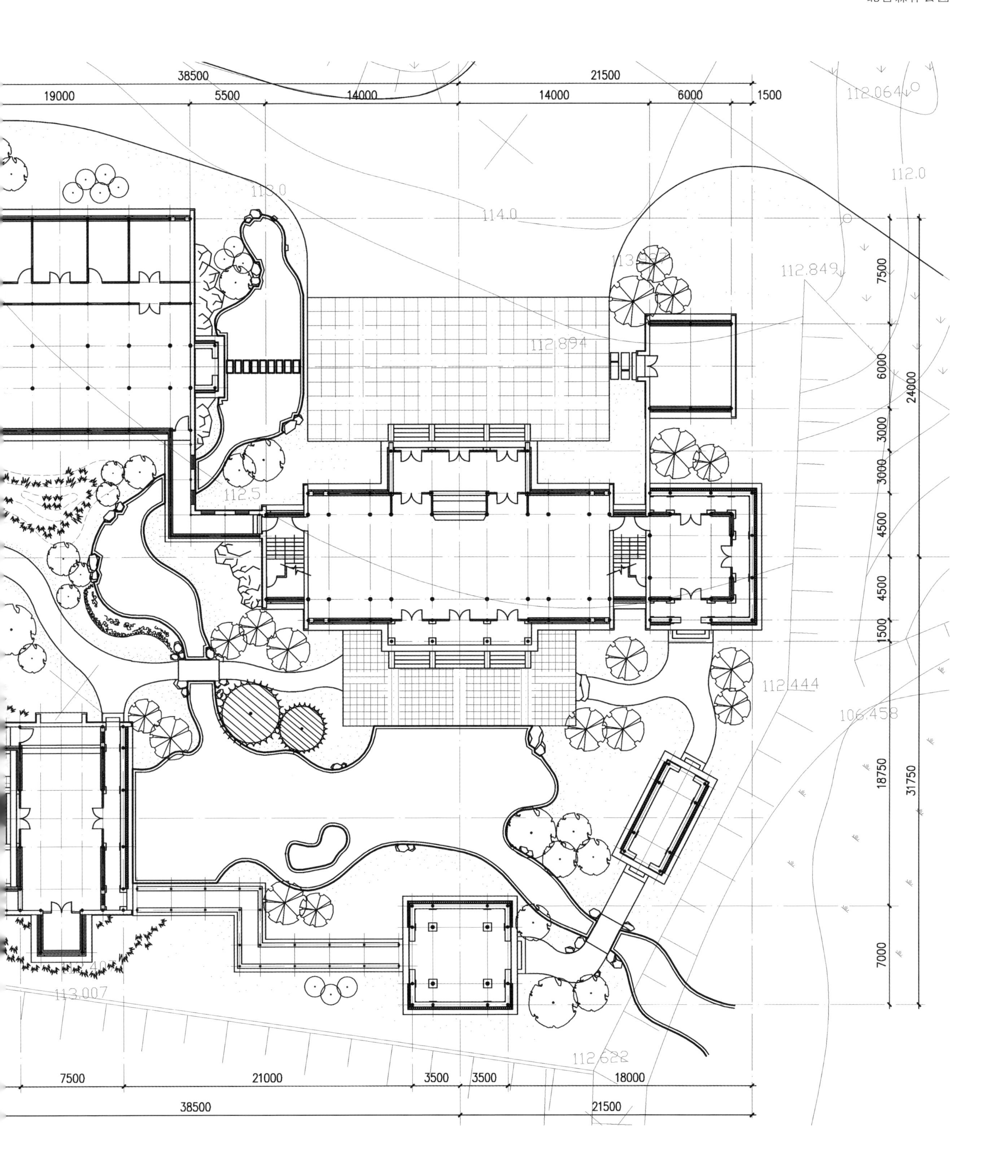
38500
21500
19000
5500
14000
14000
6000
1500
112.064
112.0
114.0
112.849
112.894
112.5
112.444
106.458
113.007
112.622
7500
6000
3000
3000
4500
4500
1500
24000
18750
31750
7000
7500
21000
3500
3500
18000
38500
21500

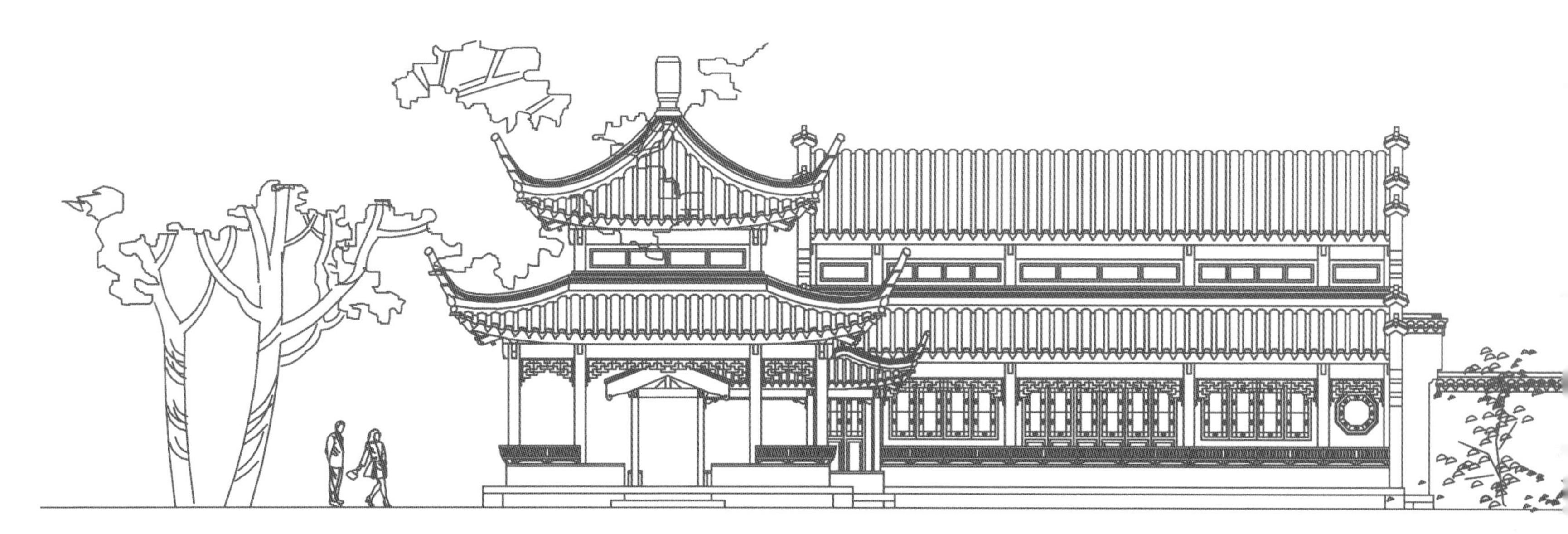

东立面图

西立面图

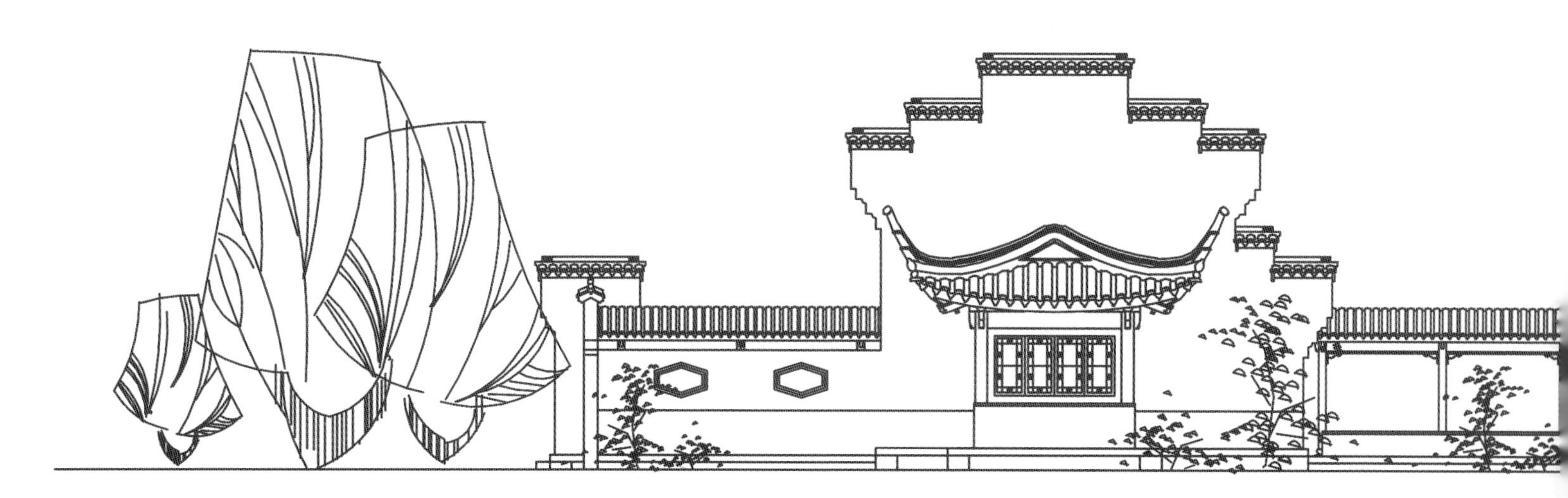

南立面图

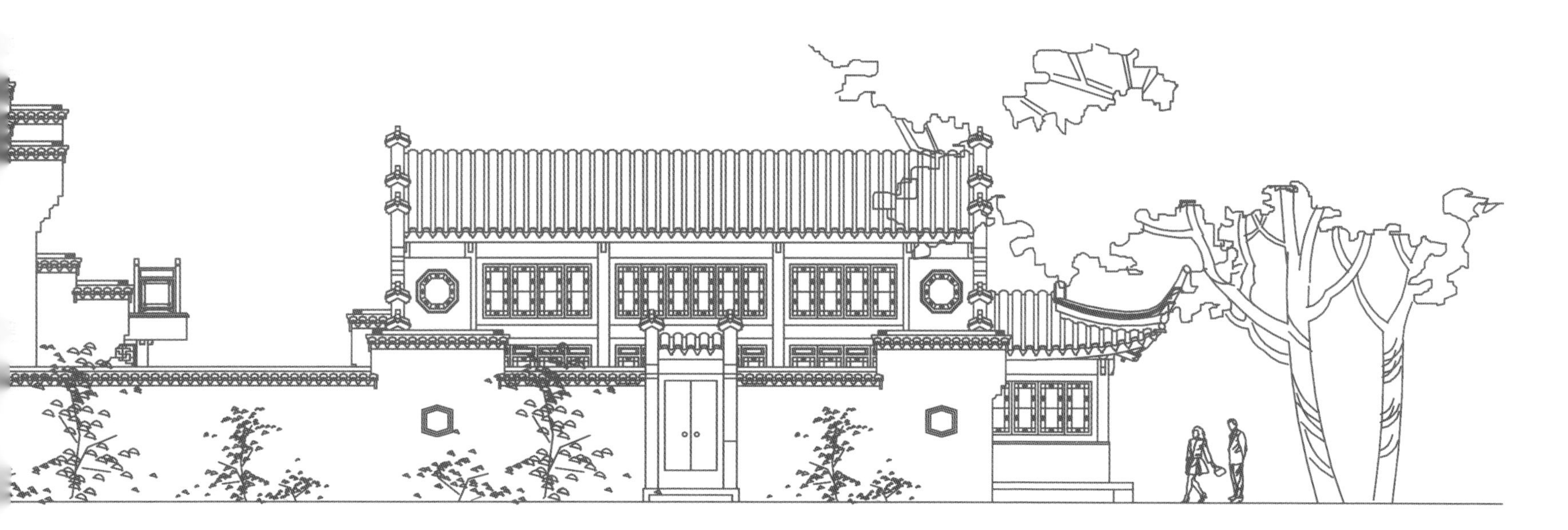

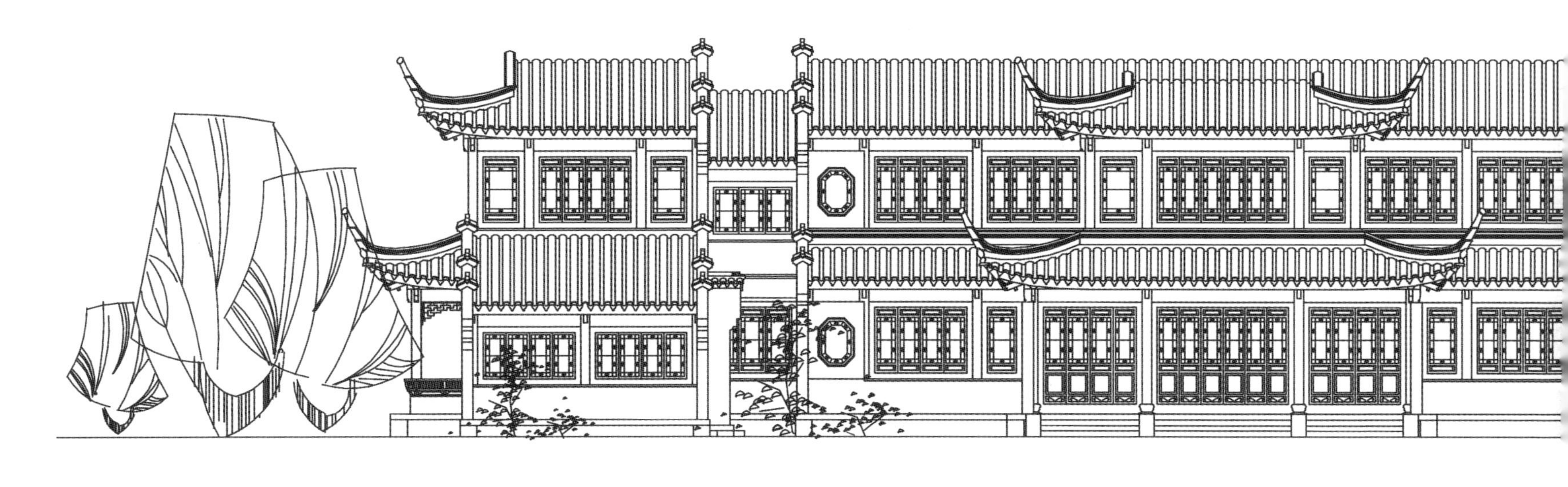

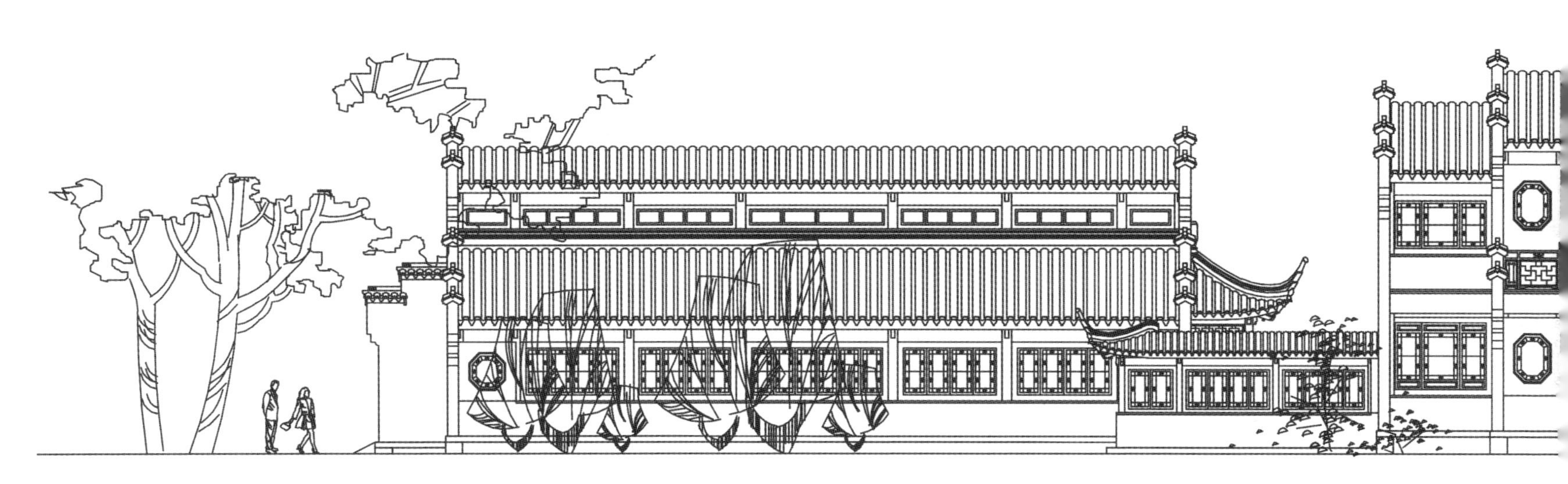

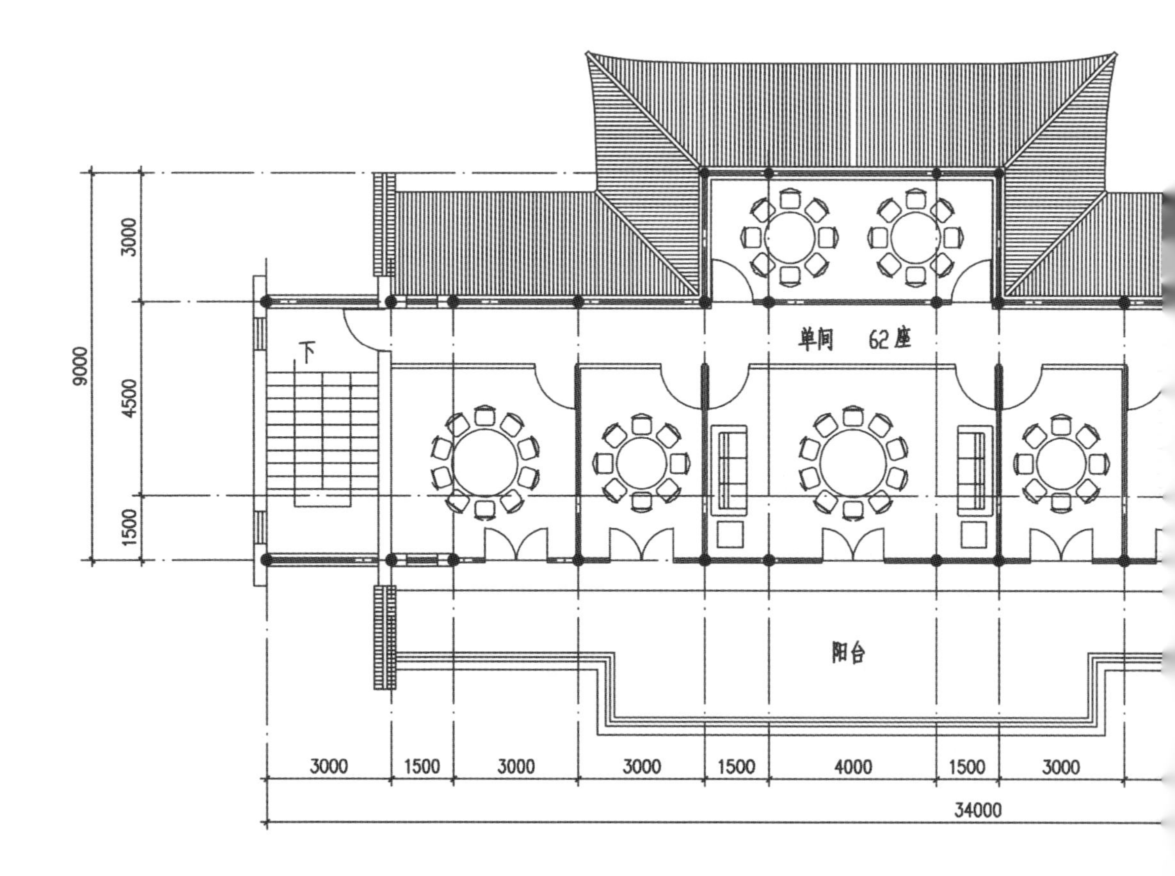
3000
9000
4500
1500
下
单间 62座
阳台
3000
1500
3000
3000
1500
4000
1500
3000
34000

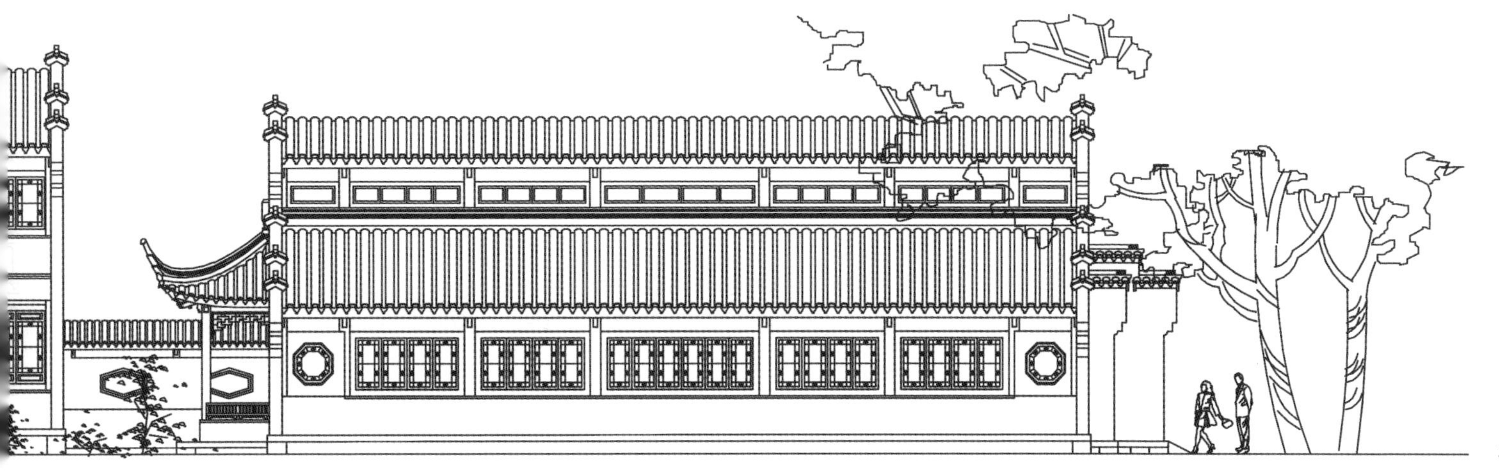

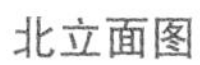

北立面图

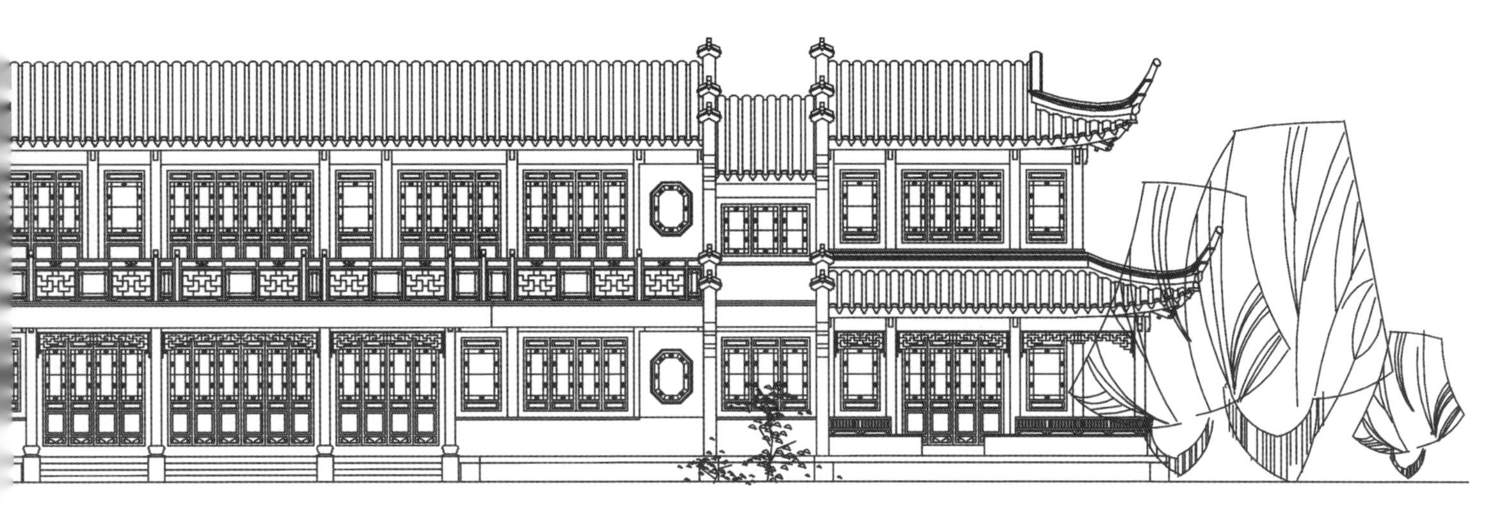

南立面图

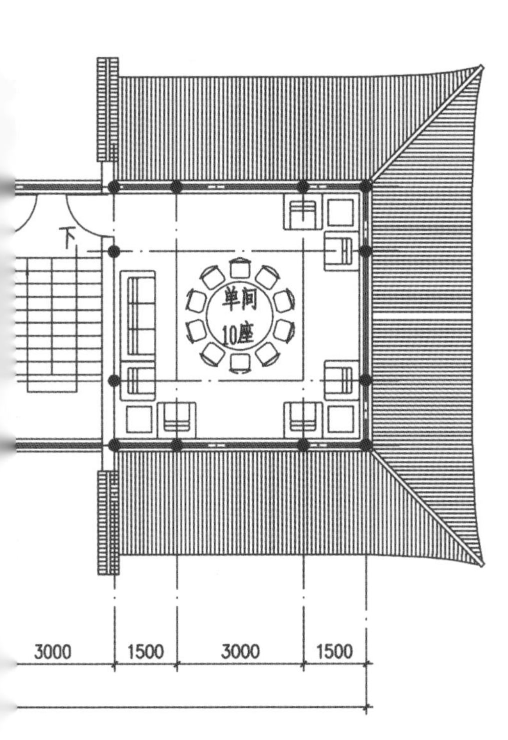

二层平面图

景观园林设计的历史责任

大运河森林公园

项目地点：北京市通州区京杭大运河两岸

用地面积：633hm^2

设计时间：2009~2010 年

获得奖项：2010 年度建设部中国人居环境范例奖

城市景观设计的历史责任是什么？就是社会出现问题了，环境被破坏了，需要去改善，历史文化被淹没了，需要被挖掘，这就是时代赋予我们的社会和历史责任。你能够承担起这份责任，能够科学系统地分析问题和艺术地解决问题，成功就会属于你。

项目概况

北京市通州区大运河森林公园，位于北京东郊大运河两侧，北起六环路，南至武窑桥，河道全长 8.6km，总占地面积 6.33km^2（约 9500 亩），其中水域面积 1.5km^2。

公园于 2007 年起创意规划，2009 年 4 月开工，于 2010 年 9 月竣工落成并向社会开放。

通州大运河森林公园

规划理念

公园整体以大运河为中心，贯彻“以绿为体、以水为魂、林水相依”的规划原则，结合城市生态修复、市民旅游观光的需要而建设。

遵循整体、特色、历史、综合利用的原则，体现大运河自然、生态、田原风光的特质。

建设目标：整治河道，还清碧水。万亩林海，改变生态。运河景观，传承文脉。休闲旅游，造福后代。

景观定位：远观整体，气势宏大，大水面、大树林、大景观；近看美景，舒适宜人，有园、有景、有花、有趣。

四大特色：运河平阔如镜——水；平林层层如浪——树；绿杨花树如画——景；皇木沉船如烟——古。

基本构架：一河，两岸，六大景区，十八景点（寻找古运河自然景观）。

六大景区	十八景点	景观特色及功能
一、潞河桃柳景区 （潞通桥至宋郎路桥河两岸）	1 桃柳映岸 2 茶棚话夕 3 皇木古渡 4 长虹花雨	滨水景观 文化运河记忆 运河记忆 休闲
二、月岛闻莺景区 （河中生态岛及周边）	5 月岛画境 6 湿地蛙声 7 半山人家	登高瞭望 湿地科普 管理中心
三、银枫秋实景区 （左岸农田处）	8 银枫秋实 9 枣红若涂 10 大棚囤贮	科普 历史景观 历史记忆
四、丛林活力景区 （右岸杨柳林处）	11 风行芦荡 12 丛林欢歌 13 双锦天成	景观 游戏 服务
五、明镜移舟景区 （甘棠大桥及橡胶坝）	14 明镜移舟 15 夜色涛声	码头、划船 听涛赏月
六、高台平林景区 （甘棠大桥至武窑桥）	16 平林烟树 17 绿杨香舟 18 高台浩渺	森林景观 果林杨柳休闲 历史记忆、瞭望

绿化种植

绿化种植是森林公园建设的主体，以桃柳映岸、春林觞咏、月岛闻莺、风行芦荡、银枫秋实、林静涛声、丛林欢歌等各大主题植物景观，体现大运河植物大景观的恢宏气势和丰富多样。只有成规模的绿化种植，才能更好地发挥植物的生态效益。

六大景区十八景点

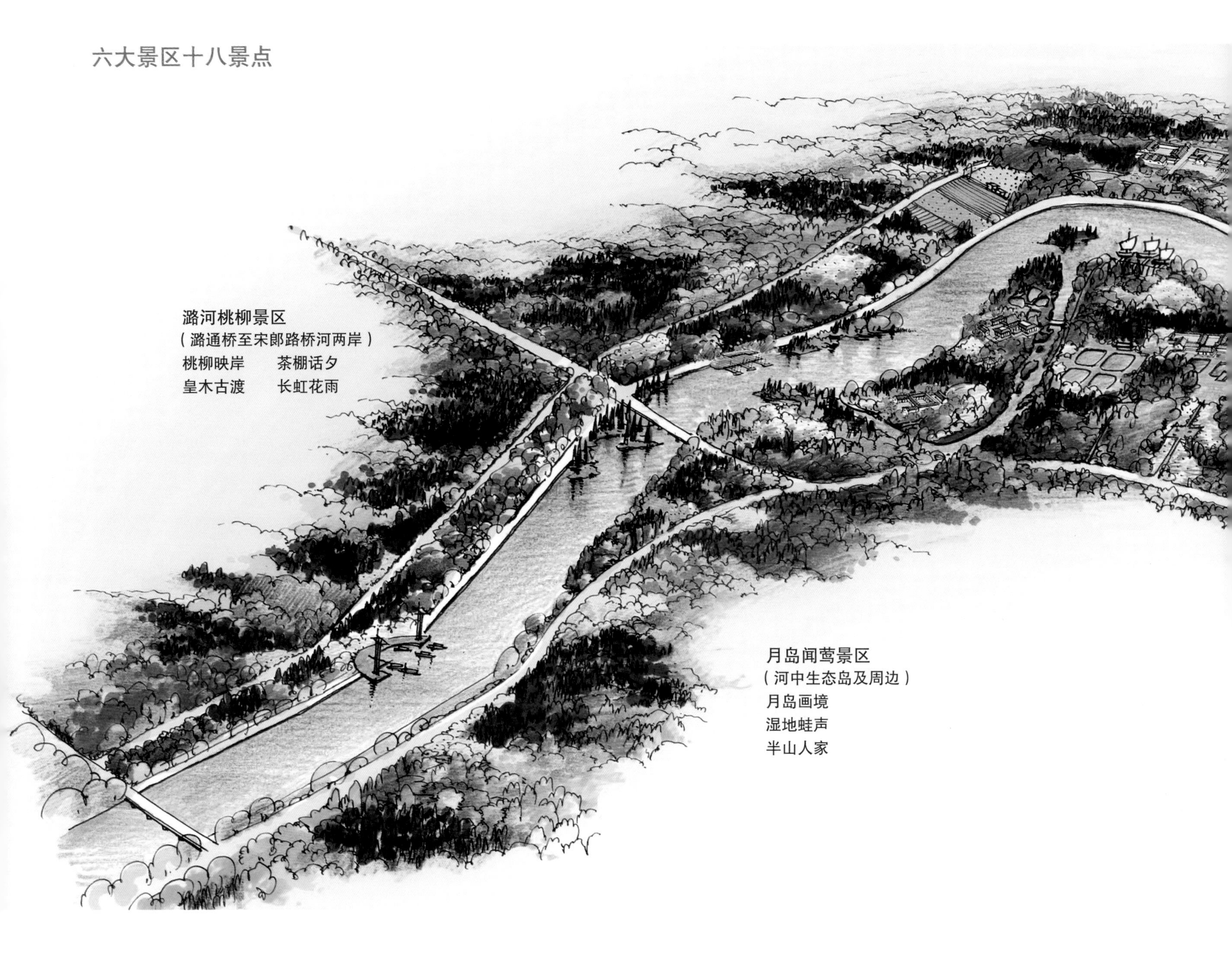
潞河桃柳景区
（潞通桥至宋郎路桥河两岸）
桃柳映岸　　茶棚话夕
皇木古渡　　长虹花雨
月岛闻莺景区
（河中生态岛及周边）
月岛画境
湿地蛙声
半山人家

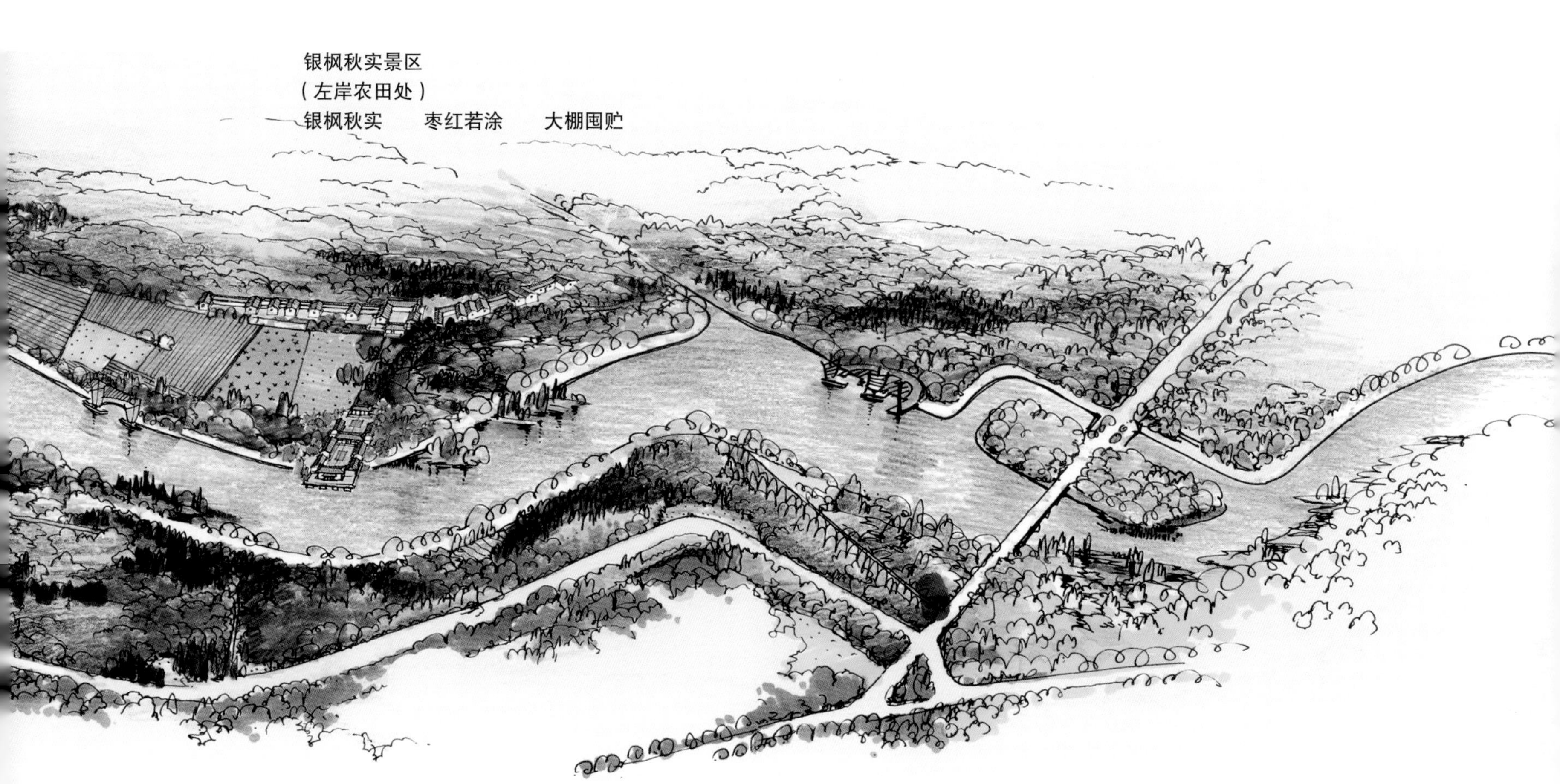

丛林活力景区
（右岸杨柳林处）
风行芦荡
丛林欢歌
双锦天成

明镜移舟景区
（甘棠大桥及橡胶坝）
明镜移舟
夜色涛声

高台平林景区
（甘棠大桥至武窑桥）
平林烟树
绿杨香舟
高台浩渺

（1） 树种选择

用乡土植物唤起人们对古老运河的记忆，以杨、柳、榆、槐、椿为大乔木骨架，连同枣、桃等大片果树和农田，以及芦苇等湿生植物，构成了运河两岸典型的自然、生态、田原风貌。

运河两岸多为沙壤土，结合洪水位高度和不同高程适地适树地选择树种：防洪大堤——大部分面积在 50 年一遇洪水位以上，可结合道路选择春花和秋叶树种；滨水绿化——滩地为主，在 20 年一遇至 50 年一遇洪水位之间，选择深根、耐水湿的立柳、白蜡等作为基调树种。

（2） 种植形式

应用大面积混交林、复层种植、人工模拟自然群落、大面积混播野生地被等手段，来创造生物多样性强的群落结构，降低养护成本，实现高碳汇目标。同时实现四季景观规划。改变古运河两岸少常绿、少彩叶、沙土裸露的现状，增加常绿树，与高大、快长的杨柳槐林和中慢长色叶树混交，丰富林相；增加林下耐阴花灌木，使绿量最大化；大面积野花组合地被，不但可以达到黄土不露天，更增加各季花卉景观。

延续和强化长水面、大尺度、大林地的绿化景观，切忌做小做碎。从河道至堤岸设计湿地—灌木—乔木的景观结构，不仅防洪，而且能创造出多生境、多层次的景观效果。

1） 沿河湿地——湿地蛙声、风行芦荡

以生态岛为中心，沿河的湿地面积约 34hm^2，几块湿地各具特色，形成湿地展示园及人工湿地净化系统，展示北京乡土湿地植物的多样性。湿地蛙声以科普为主，展示北京常见的 5 个水生植物群落——香蒲沼泽群落、芦苇沼泽群落、菖蒲沼泽群落、水葱沼泽群落及球穗莎草沼泽群落。同时，设计蝴蝶、蜻蜓、昆虫和青蛙等湿地动物所喜爱的小溪、洼地、草地等生境。

风行芦荡是右岸 1km 长的河流湿地，面积 6hm^2，是对古运河自然景观的恢复。现场是高程一致的浅水区，设计在此开挖浅沟水道，引入河水分隔出若干湿地岛，岛上缓坡种植大面积的芦苇、菖蒲，繁殖期的鸟类可在几个略高的小岛上孵化，提供了很好的候鸟、水禽的栖息地。常水位的变化带来丰水期和枯水期的不同景观。只在南北两端局部设置木栈道深入到主河道边，河心岛和左岸农田湿地一览无余。

2） 大尺度滨河景观林带与田原风光——桃柳映岸、银枫秋实、林静涛声、丛林欢歌

桃柳映岸是滨水植物景观带最近河的一层。设计一反一株杨柳一株桃的传统手法，沿巡河道成片栽植垂柳、碧桃、千屈菜，滩地、堤坡大面积植桃、杏、梨、李，形成一片杨柳一片桃的滨水景观，可水、陆两线赏花观柳。

银枫秋实是左堤河滩地大面积混交林，大量种植银杏、元宝枫、白蜡、紫叶李和油松、桧柏等秋色叶针阔混交林。单树种片林控制在 30~100m。沿河两岸有双锦天成、枣红若涂等利用现状果园改造提升的景点，忌小而全，就突出枣、桃、樱桃 3 个品种。

林静涛声景区，保留大量现状杨树林和洋槐林，高大的竖线条植物倒影水面，更显河面平阔。林缘以针、阔、灌混交林的形式，丰富林冠线和林缘线，结合伐除死病树，将整齐的人工林开辟出林窗、林隙、疏林、林缘开阔带等多种形式，林下或林中空地设计成大小不等的休闲、运动空间，或培育原生地被，林缘增加常绿树、花灌木，改造为自然混交林。这些大尺度景观生态林连续 500~1000m 不等，气势雄壮。

丛林欢歌景区，根据现状按提升、改造、保留 3 种类型对林地分区域进行改造，沿巡河道以外 15~20m 为提升区域，形成有形态变化、颜色变化、季相变化、高低起伏、远近错落的林冠线和曲折迂回的林缘线；提升区域以外 20~40m 为改造区域，通过复层种植形成绿色围合空间，在节点内大量栽植大规格苗木，通过异龄树搭配种植形成近自然的森林景观；改造区域以外 20~30m 为保留区域，尽量保留现状树及地被，林间增加耐阴灌木，维持近自然的生态环境，同时对地域乡土气息起到保护延续作用。

作为大面积混交林的下层结构，不可能栽植人工修剪草坪，运河的地被栽植面积 253hm^2，近公园面积一半。因此，大量使用野花组合地被，局部节点使用品种单纯的野花品种或新优地被。野花组合地被分为沿路、滨水、疏林草地、新植林下、现状林下几种类型。例如：林静涛声的耐旱林下组合——白三叶 45%，甘野菊 35%，紫花苜蓿 5%，二月兰 10%，天人菊 5%。堤路两边各 5~10m 林缘组合——苦荬菜 10%，紫花地丁 10%，石 竹 10%，虞美人 10%，宿根亚麻 10%，矮生重瓣黑心菊 10%，矮丛苔草 40%。

3） 中、小尺度景观生态林——双锦天成、丛林迷宫

重要节点创造群落景观，中尺度空间如锦鲤池和桃花源组成的双锦天成，小尺度空间的丛林迷宫。

双锦天成——设计利用现状鱼池，将原来小而狭长的水面进行扩大，通过土方整理，改造水岸形式，做出自然迂回、曲折蜿蜒的水岸线。设计将原来不连贯的水面进行连接，通过现状保留的湖心小岛分隔水面形成丰富的滨水景观空间。设计通过伐除鱼池周围枯死树、新植滨水景观植物，如垂柳、碧桃、桧柏、木槿、迎春、连翘、鸢尾等对鱼池周围植物景观层次、季相效果进行提升。

桃花源利用现状桃园改造而成。借用陶渊明《桃花源记》的描写，通过“发现桃源”、“探寻桃源”、“小憩桃源”、“采摘桃源”等景观情景来打造桃花源景点。

发现桃源：在公园主路边设计桃花源入口广场，广场外围堆筑土方，形成半围合的台地向心空间。广场平面采用桃花花瓣的形式，场地中央栽植桃王，台地内栽植现状移植的桃树，桃树下层栽植鸢尾，广场铺装采用粉红色的透水混凝土，旨在表现飘落在大地的桃花瓣，以此给予游人发现桃源的景观示意。

探寻桃源：自入口广场往南的 3.5m 园路蜿蜒曲折，长 310m，两侧堆筑土方高 1.5~3.5m，坡度 1:4~1:5，形成层叠起伏的山形骨架，营造曲径通幽的景观感受。沿路种植大垂柳、桧柏、山桃、红叶桃等，形成“夹岸数百步，中无杂树，芳草鲜美，落英缤纷”的景观效果，山脊外 20~30m 种植绒毛白蜡、立柳、栾树、元宝枫、洋槐、油松等，形成林地景观。

小憩桃源：在园路南端果园中心处设计桃花源节点，设计保留现状地形，由于地势平坦、果园连片，视野开阔，与桃源路形成鲜明的空间尺度对比，营造“复行数十步，豁然开朗”的景观效果。桃源节点设计成直径约 80m 的圆形场地，场地外围设置 3.5m 车行环路，确保人车分行，场地外围设计油松、云杉、银杏、国槐、垂柳、碧桃、菊花桃、红叶桃、朱砂碧桃、花叶玉簪、萱草等复层种植，形成场地的绿色屏障。场地中心设计 3 组木质棚架，棚架采用仿古造型，木材通过碳化处理，更显古色古香，游人游憩于棚架之中，或坐或靠或行，既能欣赏棚架周围的假山、跌水、栈桥、竹林、桃花岛等景观，同时作为桃源中心点，也可尽览 240 余亩的果园，契合“土地平旷，屋舍俨然，有良田美池桑竹之属”的景观氛围。

采摘桃源：设计利用现状果园，进行科学规划设计，确定以桃为主打果树，辅以苹果、李、樱桃等果树，丰富季节供应。果园通过木栅栏围合，果园内设置 1m 园路，利用现状土地碾压夯实，方便采摘及管护。

（3） 丛林迷宫

采用多层复层 + 密植小灌木，形成封闭小空间。上层：国槐 + 桧柏，栾树 + 元宝枫 + 云杉；中层：紫薇 + 木槿 + 丁香 + 锦带花 + 珍珠梅 + 女贞；下层：红瑞木 + 迎春 + 金叶女贞 + 黄杨 + 沙地柏。

（4） 生态岛招鸟林——月岛闻莺

右岸浅水区生态岛，形似弯月。其中中心山地为密林灌丛区（鸟语林），位于水域外围大于 50 m 宽的景观林地及中心观鸟岛，以高大乔木林为鸟类提供安全筑巢的场所，兼顾灌丛型鸟类。选择鸟类喜欢的核果、浆果、梨果、球果等肉质果类植物，如柿树、桑树、山楂、杜梨、樱桃、山杏、金银木、紫珠等。

（5） 堤路景观：赏花和穿过树林的路——春林觞咏

堤顶路较特殊，特别是左堤路，是公园范围内的市政路，近 10km 的堤路既要通畅、安全，也要有起伏、变化的景致。以自行车代步既健康便捷又低碳环保。我们创造性地将自行车道上下行都安排在近河一侧。机非隔离带 2~5m 宽，与堤路内外边坡绿化统一树种，统一自然式复层种植。以 200m 一个标准单元的大尺度节奏，与滩地杏花、桃花、海棠、梨花、

果园景观互借、互动，形成了一条非机动车优先的赏花穿林的风景游赏之路。在此成功地举办了北京市自行车公路赛。

（6） 现状大树的保护和利用——大柳树广场、红枫码头

现场有一些大树很有姿态和历史感，以柳树、刺槐居多，如大柳树广场，一组大柳树结合运河开漕节的历史，设计了游船码头广场和服务设施。又如红枫码头，也因一株大柳树凸于岸上，后建成左岸银枫秋实景区的码头广场。这两处都成了公园标志性的景点。

通州旧城改造有不少移出来的大国槐、大榆树等，我们把这些树安排在榆桥春色及公园主入口等重要节点。使公园更像在这块土地上自然生长出来一样，既为公园增色，又为通州城留下了历史的记忆。

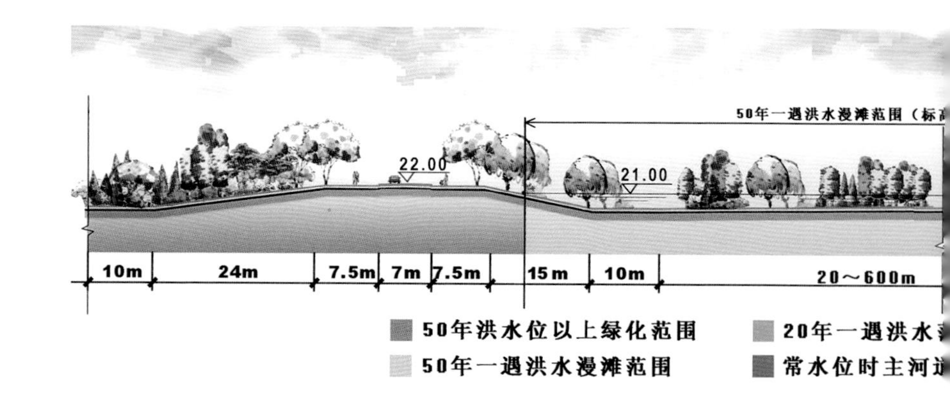

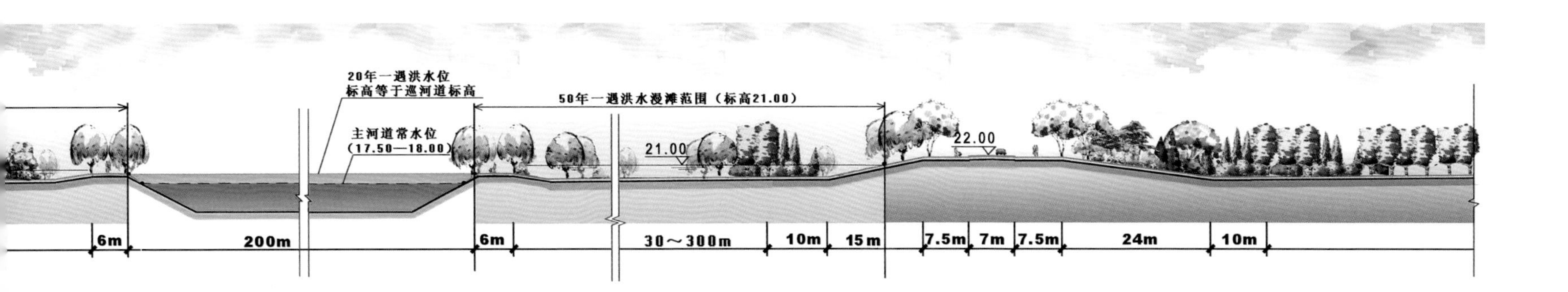
20年一遇洪水位
标高等于巡河道标高
50年一遇洪水漫滩范围（标高21.00）
主河道常水位
（17.50—18.00）
21.00
22.00
6m
200m
6m
30～300m
10m
15m
7.5m
7m
7.5m
24m
10m

大運河森林公園
GRAND CANAL FOREST PARK

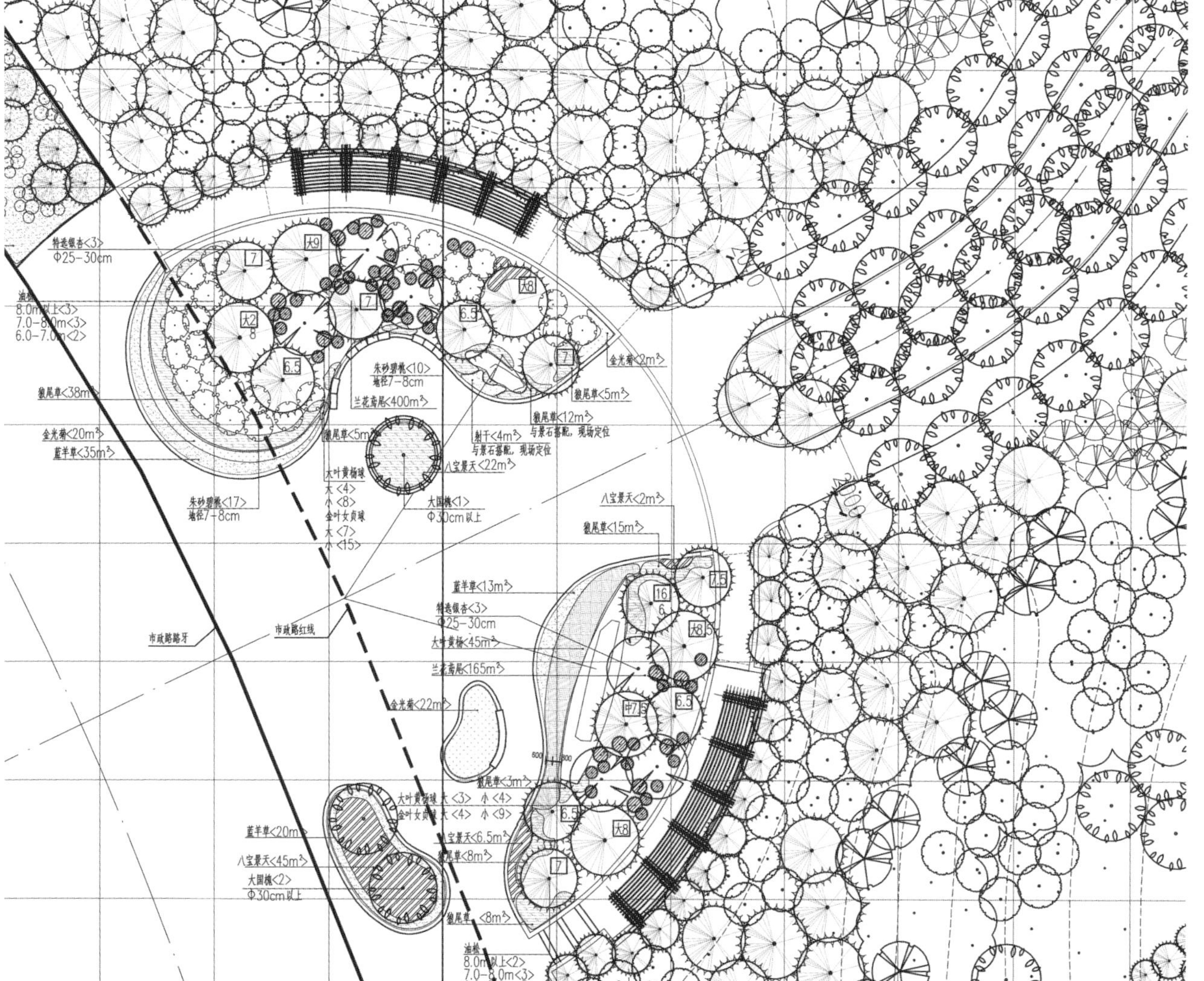
特选银杏<3>
Φ25-30cm
油松
8.0m以上<3>
7.0-8.0m<3>
6.0-7.0m<2>
狼尾草<38m^2>
金光菊<20m^2>
蓝羊草<35m^2>
朱砂碧桃<17>
地径7-8cm
朱砂碧桃<10>
地径7-8cm
兰花鸢尾<400m^2>
狼尾草<5m^2>
大叶黄杨球
大<4>
小<8>
金叶女贞球
大<7>
小<15>
金光菊<2m^2>
狼尾草<5m^2>
狼尾草<12m^2>
与景石搭配，现场定位
射干<4m^2>
与景石搭配，现场定位
八宝景天<22m^2>
大国槐<1>
Φ30cm以上
八宝景天<2m^2>
狼尾草<15m^2>
蓝羊草<13m^2>
特选银杏<3>
Φ25-30cm
大叶黄杨<45m^2>
兰花鸢尾<165m^2>
市政路路牙
市政路红线
金光菊<22m^2>
狼尾草<3m^2>
大叶黄杨球 大<3> 小<4>
金叶女贞球 大<4> 小<9>
八宝景天<6.5m^2>
狼尾草<8m^2>
蓝羊草<20m^2>
八宝景天<45m^2>
大国槐<2>
Φ30cm以上
狼尾草<8m^2>
油松
8.0m以上<2>
7.0-8.0m<3>

公园主入口

右堤柳荫广场

右堤柳荫广场

左堤红枫广场

景观小品

（1） 景观生态小品

大运河森林公园的总体设计中，突出了历史上大运河本来的自然、生态、田原风光的特色。在景观小品的设计中也必须紧扣这一主题特色，以期达到浑然天成的景观效果。

在景观小品的布局上，首先以能不做尽量不做为原则，尽量减少人工设施对自然景观的破坏。第二，以方便游人游览使用为前提。景观设施突出生态、自然和舒适。强调在自然景观的大背景的点景小品，要与自然景观相互映衬、相得益彰。如风行芦荡中的木栈道和休憩草棚，隐没在芦苇丛中时隐时现，既可以让游人自由的领略湿地风光，又不会对自然景观产生影响，现已成为摄影和绘画爱好者写生、采风的理想场所。

在景观小品的建设材料选择上，我们尽量采用去皮原木，以保留木材本身的自然纹理，用碳化的防腐处理方式，以减少化学制剂的使用。采用木板瓦或茅草屋顶，彰显景观的自然与和谐。基础尽量采用天然毛石，减少钢筋混凝土的应用，以期尽量少地对大运河自然环境产生损害。在保证安全的前提下尽可能地减少开挖、砌筑等土建工程，减少对自然地貌的扰动。

丛林迷宫。将迷宫游戏搬入森林中，以乔木、灌木围合空间，通过在林间园路上设置木人拦截、木桩阵、矮竹篱等设施为游人行走增加困难和障碍，丰富游戏体验，还在场地中设置了林间木屋和眺望台等设施，以毛石、实木、仿真茅草为主要材料，体现郊野生态、古朴自然的设计理念，林间还有动物造型的小品，体现丛林迷宫的趣味性。

丛林剧场。利用现状空地而建。场地中心的几株大杨树作为舞台背景，看台依地形而设置座椅，座椅采用半圆实木，实木间通过榫卯连接，看台间园路采用木板、碎石铺设，看台周边设计油松、绒毛白蜡、立柳、元宝枫等树种，体现郊野的氛围。

丛林野营。利用现状林地。根据野营活动内容设置了露营地、野外就餐区、休闲娱乐区等功能区域。露营地之间采用碎石路连接。野外就餐区设置方形木桌椅等，露天餐台可以满足不同人群的野外就餐需求。休闲娱乐区利用露营场地周围地形起伏设置沙坑、丛林探险等游戏设施，满足游人露营与游戏结合的需求。

（2） 景观文化小品

景观文化小品是体现运河悠久的历史文化的重要手段，数量不多，但都起到了画龙点睛的作用。如明镜移舟的坝头利用现状高差所建的《潞河督运图》景墙，重现了运河繁荣昌盛的历史画面。右岸柳荫广场配合码头游船，设置了一组反映运河开漕节的景墙。左岸保留了拍影视剧留下的漕运码头，并将剧中密符扇的故事通过雕塑展现给游人，趣味盎然。

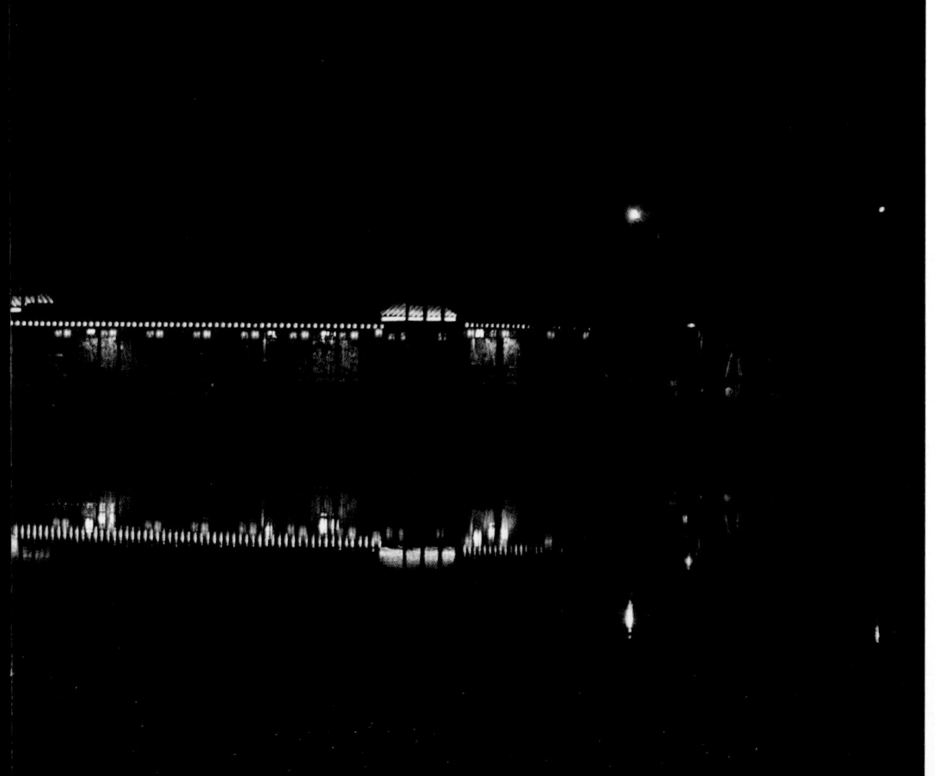

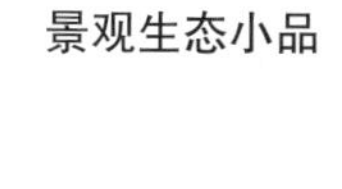

景观生态小品

千帆
竞泊

潞河

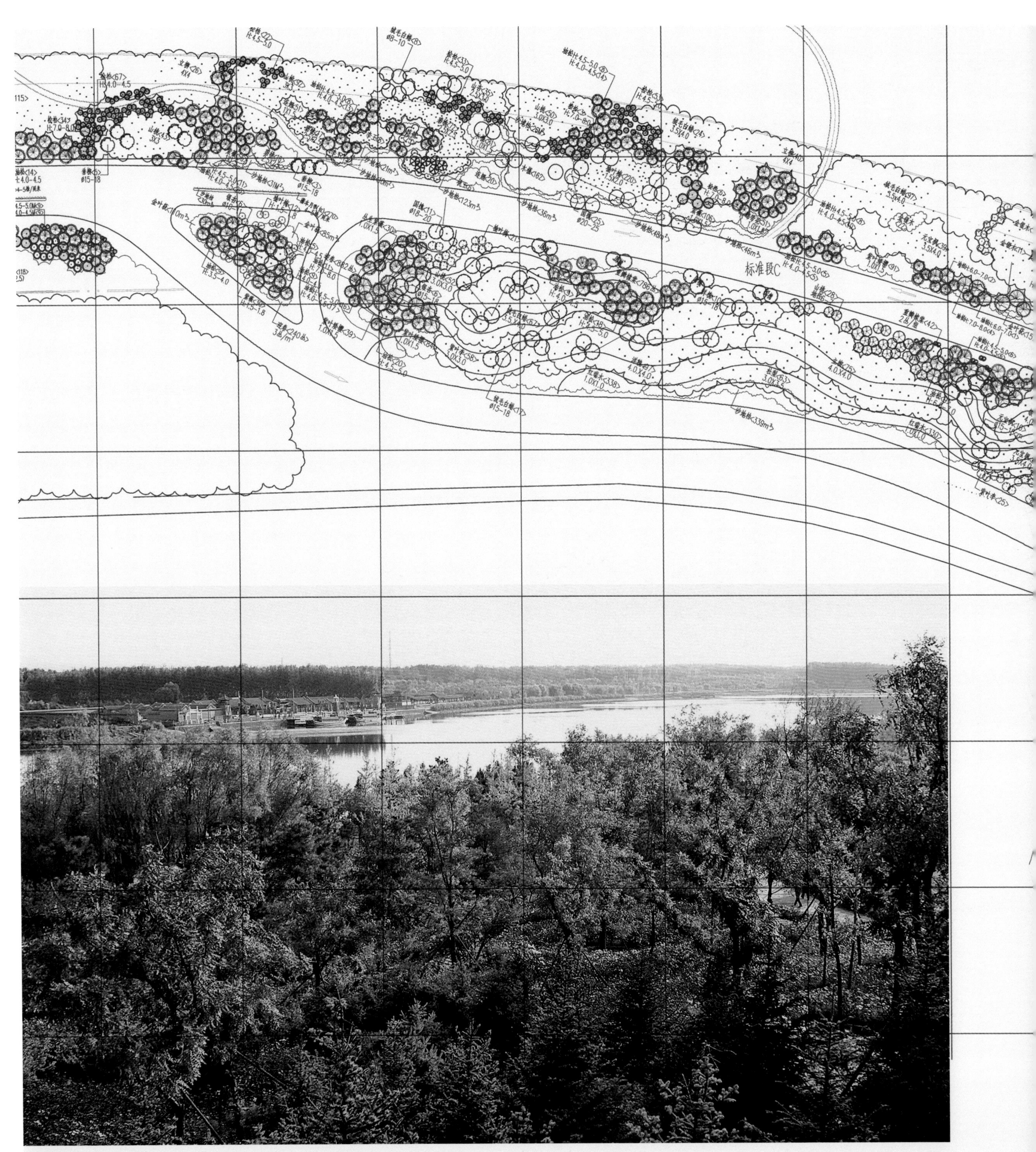

大面积野花组合地被

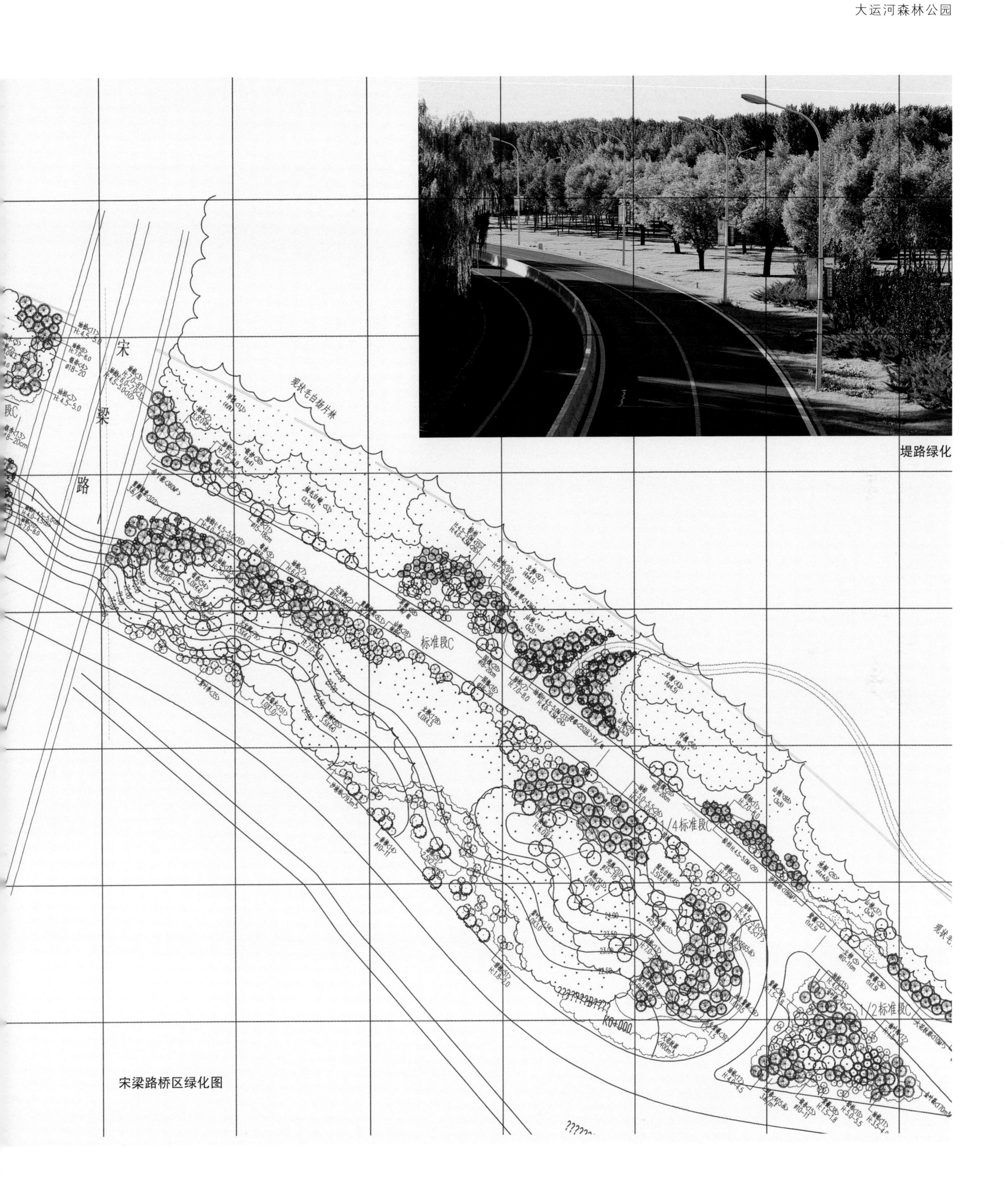

堤路绿化

宋梁路桥区绿化图

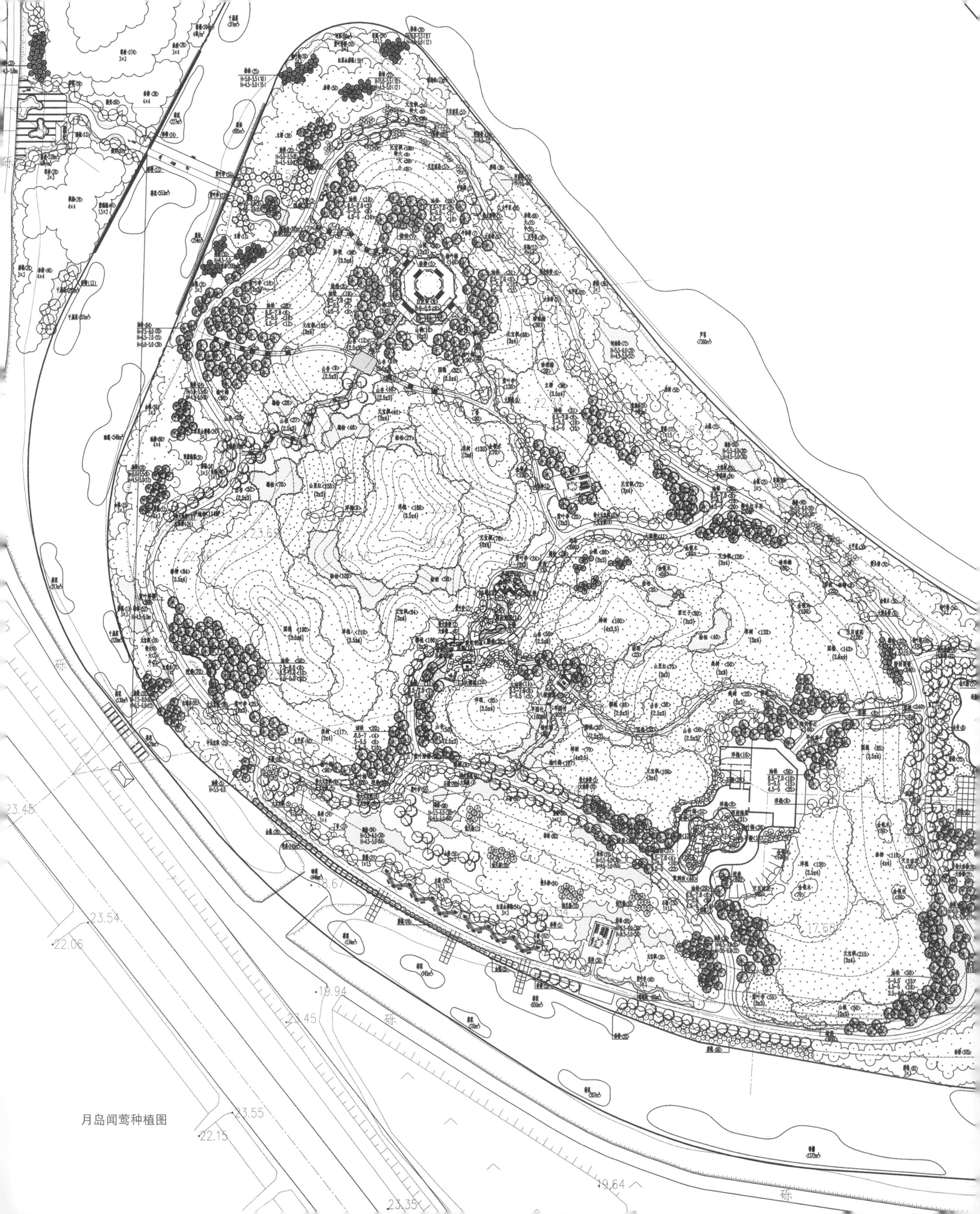

月岛闻莺种植图

闻莺阁

新城中的层台绿谷

罕台中心公园设计

项目地点：内蒙古鄂尔多斯东胜区

用地面积：180hm^2

设计时间：2008~2009 年

作为鄂尔多斯市城乡统筹区的环境示范工程，公园位于新城中心的带状河谷地区，宽度 220~440m 不等，长度约 4km，面积约 180hm^2，场地周边汇集了移民社区、老年居住区、商务办公用地等。景观设计在恶劣的生态条件下，充分利用调蓄雨洪、水资源循环、谷地小气候、土壤改良等手段，营建出了本地区珍贵的植物及景观多样性，创造出了沙漠中的一片绿洲。

罕台中心公园上位规划

体现地缘文化

罕台镇是由罕台和布日都两镇合并而成，蒙语中“罕台”意为高山，“布日都”意为绿洲，说明以前这里曾是水草丰茂的“高山与绿洲”，它概括出本地区地貌的景观特征，也是公园的场地特色和建设目标。

2. 依托河谷地貌

充分利用雨季河谷积水蓄水、小气候良好的优势，打造好这片新城中的绿洲。场地为丘陵河谷地貌，南接高山，北联河川，现有成片长势良好的杨树林，进行了充分保留和利用，依据其带状的形态，串联并溶解于各区域之间，把自然的气息和绿色的景观引入到城区，充分扩大绿地与两侧居民的接触面，满足居民亲水、亲绿的需求。在创造优美的人居环境的同时，吸引人们到绿地中休闲娱乐，放松身心。

3. 形成独特的层台景观

从南到北，山顶与沟底高差达 90m，延绵的落差，构成了河、湖、溪、涧的开合空间，也形成了丰富的高差变化，在高差断面的利用和改造上，有“两种空间，两种形式”：

（1）谷顶平坦的区域：面向城市——代表了生态田园式的城镇的形象，与城市景观相结合，体现标志与渗透，形成城市广场及城市地标。

（2）河谷幽深的区域：面向居民——是日常起居的后花园，是城市生活的一个组成部分。利用不同的高差，形成不同的体验，俯仰自如、静谧舒适，利于开展亲近自然的各种生态体验和漫步。

花池绿树相互掩映的入口区

制高点俯瞰全园

总平面图

临水平台效果图

主广场喷泉跌水

保留的现状树与造型小品相映生辉

水波广场效果

历史文化底蕴中的现代气息

海淀区北坞公园

项目地点：海淀区四季青镇颐和园以西、玉泉山以南

用地面积：47.4hm^2

设计时间：2010 年

通过对自然环境、人文历史和现实需求的认知与分析，从而获得对场地精神的提炼。北坞公园的定位既不同于郊野公园，也不同于一般城市公园。设计风格既突出历史文化底蕴，又具有现代气息。园中景物、植被、雕塑等与环境相适应，达到了提升绿化隔离地区的环境质量与服务功能的目标。

最初设计意向效果图

通过农业景观的视线引导借景佛香阁

设计指导原则

以“文脉传承和时代价值”为构思主线，在保护性的恢复历史景观意境的同时满足时代对珍惜土地资源的使用要求。

自公园西大门框景佛香阁

西门构造细部

将保留的戏楼与玉泉山景结合

方案的突出特点

项目位于海淀区四季青镇东北部，紧邻颐和园以西，玉泉山以南，原是北京城乡结合部的一个自然村。空间结构位于北京三山五园古典名园序列之中，同时也属北京城市绿地系统中“绿化隔离地区”规划之内。规划面积 47.4hm^2。以北坞村路为分界东侧 32hm^2，西侧 15.4hm^2。

项目立项之初随城市整体郊野公园环的建设计划列为郊野公园，设计的首要之举是在调查之后经与多方反复沟通协商，最终将公园定位从郊野公园修改为文化公园。东园突出历史文化、西园突出居民服务功能，使北坞公园和谐融于周边历史名园的文化氛围之中。作为新建公园，却并不因紧邻颐和园和玉泉山而完全沿用古典园林的设计手法，而是试图采用新中式的手法，在借景、框景等手法上沿承古典意境，但功能、形式上强调为现代服务。另外，在公园空间中引入部分农业景观并赋予视线走廊的功能也是设计的一个亮点。

公园南入口景观标识

玉峰塔影最佳观赏点

最初设计意向效果图

湖南岸亭廊组合形成观景点

通过水面借玉泉山美景入园

以生态理念主导的郊野公园设计

朝阳区黄草湾郊野公园

项目地点：朝阳区大屯乡东北部
用地面积：39hm^2
设计时间：2009 年

生态主义景观之前的景观设计，基本上都是以人为中心的。几乎所有的景观都是从人的审美取向、人的功能需求、人的行为规律、人类文化出发来指导设计，很少去关注设计对象的生态结构与功能。尽管设计出来的景观也具有一定的生态结构，但由于没有按照生态原理来设计，因此后期对人工干预、管理的要求较高，系统不稳定。今天的中国处在一个“大发展”和“大破坏”的时代，当初侵蚀农田、绿地搞建设无视生态大干快干，今天将村庄、厂房推倒重来同样不留痕迹。国民的财富在一次次的建设、抹平、覆盖中消失而得不到积累，这不仅仅是资金的损耗，文化的断代，同时也是对历史缺乏反省的表现。当我们站在保护生态、治理环境的立场上，我们将“以人为本”的宗旨放置于更广泛的自然生态圈中重新审视对自然环境的保护时：虽然生态主义景观的最终服务对象还是人类，但不是把人作为研究对象的。因此生态主义设计实现的是从以人类为中心到以自然为中心的转变。

有别于一般城市公园定位

结合近 3 年工作及生活中对北京郊野公园建设实施及使用中的了解，认为目前的郊野公园在设计过程中存在一些问题，归纳起来有：

（1）公园定位的问题

公园环内的公园基本位于四环到五环甚至五环以外的区域，因此它的区位特征及规模较大的特点决定了公园在景观风格、建设内容、服务对象上应与城市公园形成差别。目前已形成的郊野公园普遍存在着仅仅在局部外表上追求自然郊野、粗犷大气的风格，但实际设计上仍然采用城市公园的设计手法，过于形式化的主题特色打造，没有真正拉开与城市公园之间区别。

（2）游客游览方式的问题

长期以来“公园设计规范”式的设计方式，每设计一个完整的公园总要完成从儿童游乐到青少年运动再到普通游客游览直老年休息区等“全尺寸”的场地设计。但从发展的眼光看公园的生长，近期及远期的情况变化很大，目前很多郊野公园存在着游人稀少的现象，实际上就是游览方式超前设计的问题。可以适当留白的空间为未来的需求作准备。

（3）公园内服务设施的设置

公园的服务配套设施应与园内休闲、游憩的各个功能紧密环扣，“郊野”的游憩活动方式同样需要“完善”的服务，前提是设施能确实地为游客提供服务，但目前由于建设受资金投入不足，养护管理尚缺乏明确的配套政策，使用者的自我约束能力还需提高等方面的影响，公园的配套设施的设置反而不能满足于基本的服务需求，这有待管理机制的进一步完善。

（4）植物造景的问题

北京绿化隔离地区内的郊野公园基本都是在现状片林的基础上进行提升改造。由“片林”提升为“公园”首要的挑战就应是植物空间的改造，植物品种的丰富，植物景观的提升。但是，提升应从生态学的角度而不是造景的角度来考虑，植物造景的合理性设计应是郊野公园建设节约性原则贯彻最直接最重要的体现，否则其生态结构与原来一样脆弱。

公园具体的生态设计手法

（1）道路场地设计

1）首要问题是利用道路本身及道路边沟提高场地整体的排涝性及安全性

北京建设的郊野公园中，普遍以平地为主，地形变化不大。因此在道路布置时首先应对基址本身的竖向条件及目前存在的排涝问题进行全面且细致的了解。在已选择雨水通过绿地自然下渗回补地下水为主要的雨水回收方式的同时，利用道路边沟及道路本身的排水纵坡形成对原有低洼地的修缮，以保证暴雨时场地的安全性并通过洪泛湿地收集过剩径流，以达到水资源的保护与利用。

2）因地制宜，着重于保护与利用的原则

北京市的郊野公园建设，大部分是在对原有绿化隔离地区内的村庄、企业进行拆迁的基础上进行的。因此场地内尚余下大量的原有道路及基础设施可供利用，适当加以改造常常能起到事半功倍的效果。同时对场地内原生植被生长较好的地区应尽早给予界定及保护，园路设计时应避开这些区域，以提高场地的生物多样性及近自然状态。

3）满足公园使用及养护的基本功能要求

鉴于郊野公园内居民对场地的需求及使用强度远不比城区内的综合公园，同时使用方式也不尽相同。因此适当地将部分游憩空间的营造留给未来发展，将使用者作为场地的创造者，逐步完善才是务实且节约的建设方式。

4）生态、和谐、安全的原则

（2）地形设计

地形是构成整个园林环境的基本骨架，是建筑、植物、水景等景素的基底和依托，地形的起伏变化可以提供多样性的生态空间和游憩空间。起伏的地形形成了不同的生境条件：阳坡与阴坡，山顶与山谷，干燥与潮湿，土壤的贫瘠与肥沃，薄与厚等等，而且随着时间的推移，受雨水冲刷、风力侵蚀等外部条件日积月累的影响，不同生境的条件反差会逐渐加大。在日本以往的研究及北京园林科研所的相关研究中均表明了“异质化的生境空间最终可以导致区域丰富的物种和群落多样性的形成”。通过对绿化隔离地区内现状片林的观察可以发现，即使是当初人工化的单一品种种植，在经过十年以上的时间之后，有地形的区域内出现了比平地区内更多的地被物种和更富于变化的场地条件，并容易形成外来物种侵蚀进而形成的次生的植物群落。

更为重要的是，公园的地形在首轮建设后一旦成型，日后很难更改。所有附着于地形骨架上的其他景观元素在日后的使用中均可以根据情况变化作出适当的改变，其变化成本相对较小。而地形一旦要作出调整，那么其上已经成形的植物，公园整体的排水系统，各类管线均可能无法保留，改变的成本极高。因此虽然本案以生态建园为方针，以节约为原则，对现状植物以保护为主；但作为立园之本，在地形打造上应尽量具备前瞻性，在有条件的情况下力争一步到位。

目前北京郊野公园大多位于平原区，同时也是城市化不断侵蚀的城市边缘建设地区，其中一个普遍问题就是场地内缺乏多样的竖向变化，因此如果不在地形打造上多下功夫，长远看势必会影响到公园植物多样性的打造以及造成游览休憩空间的单调。

（3）建筑设计

明确功能，选址得当，最重要的是形成领域控制，并尽量与自然协调。

北京的绿化隔离地区大部分为城乡结合部，在城市化水平逐步提高的过程中，建筑的扩张能力非常强。因此当我们在郊野公园内规划建筑时，应充分考虑之前的教训。尤其是针对经营类项目时，应通过水系、地形、构筑物等硬性的方式结合软性的绿化对建筑及其外部开敞空间（含场地）进行明确的领域控制，以尽量避免未来建筑规模的生长对公园形成新的威胁与侵蚀。

（4）水体设计

水景一直是北京公园中最吸引人的景观元素。但北京的季候特点决定了稳定安全的水景一定是需要长期人为干预及维护的。而自然生态的水环境对于人的活动又存在着一些负面因素，如蚊蝇滋生的卫生问题，见干见湿，使用安全等问题。

郊野公园中的水体应以恢复水域的自然生态系统和功能以及景观的自然化为主要内容，其核心在于协调好整体环境中水与土壤、动植物等的生态关系，而对人的服务功能应是在其次的。因此公园设计中应首先把握好亲人水景与生态水

域的区分，不同的目的应配以不同的设计思路及引导路线和场地设计。

调查研究原有场地水环境状况是设计前必不可少的环节。应尽可能地通过与当地熟悉情况的管理人员充分沟通进行判断。以保护并修复现有水体生态系统为核心，使新的水系统与原有的生态环境相融，在新的环境下尽快达到良性的生态平衡。

水景设计要解决的重要问题就是在于实现水的自然循环和净化。自然的排灌系统是最经济有效的水体净化形式，某些区域散落一些局部低洼处，经过微地形的处理，尽可能使其保持现状，塑造成自然野趣的池塘并相互沟通，最终导入外部自然水系则更为理想。为弥补单纯依靠自然流动难以解决水体自净的问题，在游人易接触的区域就要考虑利用人工手段进行水体的强制循环和更新。从近年的工程案例中可以借鉴的方式是将景观水的更新与绿化浇灌用水相结合的方式，同时结合水生植物的净化功能及适当的曝气循环系统，可基本达到保持水体自净的最小成本投入。但即使是提高了资金的使用效率也不能回避成本问题。因此更节约的方式应是提供必要的亲人水面的同时，设置远离人群活动的生态水域，以求得人工与自然的和谐并存。

（5）种植设计

目前北京的园林绿化项目中，绝大部分绿化植物配置均为典型的人工群落，在很大程度上是按照人的意愿进行绿化植物种类的选择、配植、营造和养护管理。因而这种植物群落成为典型的人为干扰系统，其结构常常是一个未成熟的临时框架，存在群落结构简单，生物多样性差，系统不稳定，养护管理精细，抗逆性差等许多问题，必须不断地依靠人工后期干预才能正常生长。与自然植物群落相比，城市中的人工植物群落具有明显的高耗能性。

而自然植物群落是经过长期自然演化形成的相对稳定的植物群体，在一个优秀的植物群落中，绿地生产者、消费者、分解者之间以及与环境之间能形成良性循环，并具有生物和景观的多样性。系统形成后几乎不需要后期维护即可在本地气候条件下正常存活。因此在北京绿化隔离地区的郊野公园中最为适用：既能满足自然郊野的风格，发挥较大的生态价值，还能将后期维护成本降到最低。

现在圆明园和北京大学校园中部分植物群落就具有类似的半自然植物群落的特征，是北京城区较为典型的、残留的、很少被人的行为干预的地带性植被结构，景观十分优良，而且绿量也大，生态良好。这些杂木群落的主要植物如槐树、榆树、元宝枫等，都是已经被驯化了的乡土树种，在城区不存在适应性不良的问题，几乎可以零维护而保持长势旺盛。应用这些植物进行公园自然植物群落的模拟，简单易行，在生境环境方面无须作过多考虑。

实现近自然群落的最佳途径，应是在对原有场地、植物资源状况进行研究评估后，以少量的人为干预腾出空间留给未来自然做功。大自然的自然繁殖力很强，林地中偶见的空地往往比满栽的场地更容易在日后形成稳定的系统。必要的时候需适当对现状单一品种林地进行疏间或移伐，留下优质苗木以使丛林或森林保持最佳的自然活力。

对于传统公园的种植设计，大多数设计仍然主要集中于乔木、灌木、草坪和各种花卉上以保证见效迅速。但对于郊野公园来说，在植物景观的风格上更加突出其野趣和富有生命力的典型特征，因此自播型、繁殖扩散快、适应性强、管理粗放的草本植物，更容易营造野趣横生的自然灌丛景观，同时刺激寻求新奇感的游人的想象力。

公园中引入富有生命力的草本植物的另一个好处是利用其广泛的适应性作为先锋植物，有效地解决公园中植物景观近远期的结合问题，在一定程度上减轻了对大树移栽的压力。可以更多地选择规格偏小的低龄幼年植物，从而使得移栽后的苗木生长更健壮，对环境的适应性更强。

东北入口
停车场
毛白杨林下空间
地带性群落
邻湖活动场地
地带性群落
中心湖区
健身广场
近自然群落
小北河沿河景观
停车场
南入口

设计是为了突出场地最有价值的东西

三门峡市黄河公园

项目地点：河南省三门峡市沿黄景观带

规划面积：233hm^2

设计时间：2012 年

天安门观礼台，因抽绎了建筑大师张开济“有我似无”的设计理念而成为经典，说明设计是为了突出场地最有价值的东西。同样，我们也没有在黄河岸边附加景观，而是提供了一个观景平台，让人们能够更好地欣赏黄河本身的自然大美。

整体风格定位

黄河公园是三门峡市沿黄景观带中的重要组成部分和主要景观节点。是以沿黄生态保护为宗旨，以弘扬黄河文化为内涵，以服务市民为功能的综合性公园。

从公园制高点俯视黄河，有金沙落照之势，是黄河壮丽景观的代表之一

设计指导原则

整体规划——综合沿黄半岛景观带、城市总体规划、黄河湿地自然保护区规划、区域旅游规划、黄河水利规划以及黄河对岸的山西省相应的规划，全方位考虑后制定的规划。

突出特色——黄河沿岸独特的地貌特征及地域文化。

生态第一——保持水土、因地制宜、顺应自然、适地适树，减少人工干预。

方案的突出特点

公园分东、中、西三大景区，总体设计为一带三区八大节点，黄河、城市两个界面。依托黄河的滩涂、台塬，充分利用阶地、沟谷、湿地等多样的地形地貌，在带状的绿化基底上布置八大节点:云台彩练（台塬地貌 + 彩叶植物）、芦荡烟雨（湿地）、塬起金滔（观赏黄河的季节、日照、水文变化 + 黄河文化）、会兴华苑（群众活动 + 新优植物 + 虢国文化）、桃源幽谷（休闲 + 桃花）、茅津古渡（古渡文化）、明珠春晖（水利枢纽的现代城市文化）、名果博览（现代农业 + 青少年活动）。

生态优先，分级管理。对坡地与现状植被较好的区域，重点保护，抚育，严禁扰动。裸露或塌方坡地可栽植护坡植物。对现状农田、空地及房屋基地，改造提升，重新绿化。

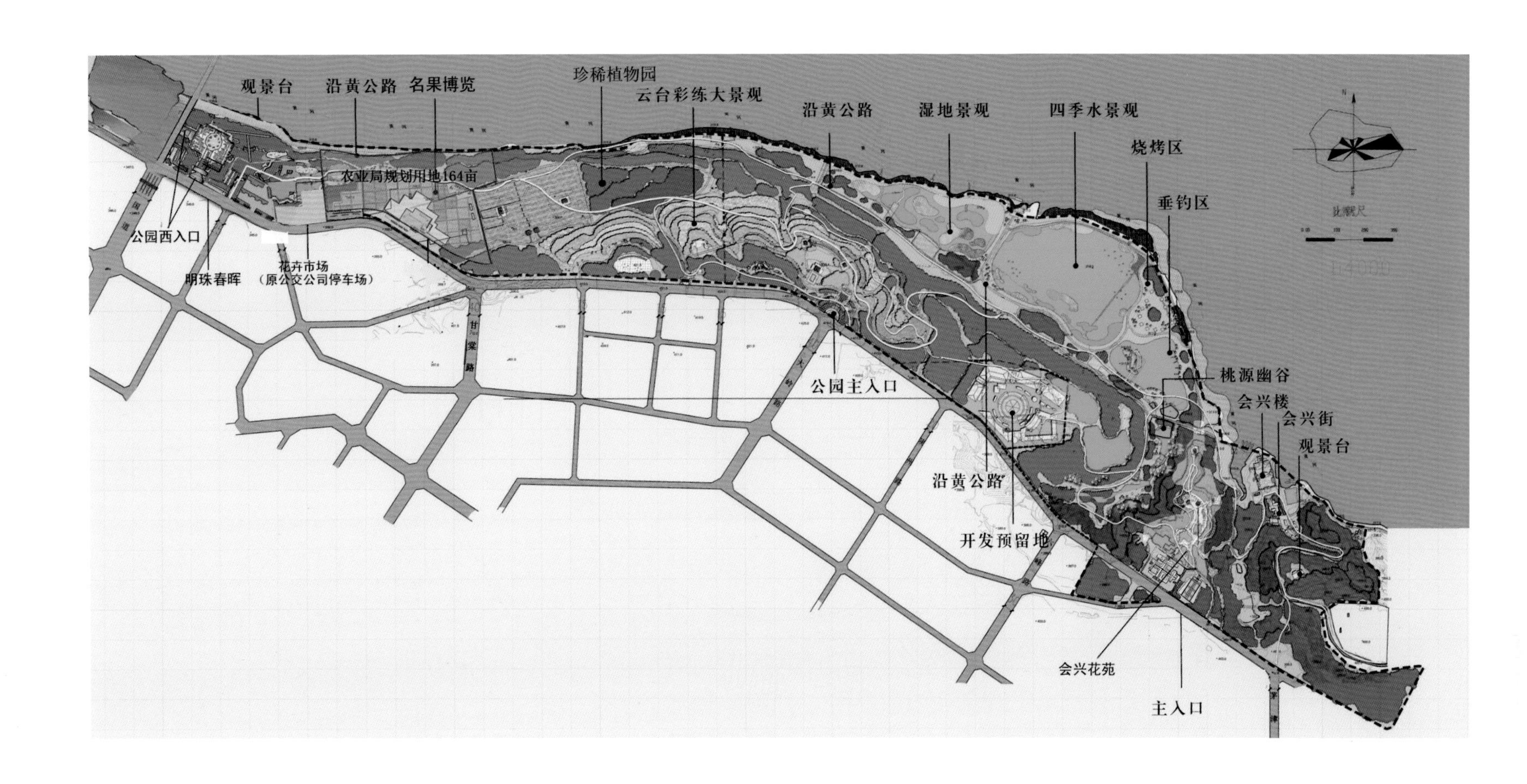
观景台
沿黄公路
名果博览
珍稀植物园
云台彩练大景观
沿黄公路
湿地景观
四季水景观
烧烤区
垂钓区
农业局规划用地164亩
公园西入口
明珠春晖
花卉市场
（原公交公司停车场）
公园主入口
桃源幽谷
会兴楼
会兴街
观景台
沿黄公路
开发预留地
会兴花苑
主入口

利用现状的黄土台塬设计了云台彩练节点

从黄河对岸看公园现状的黄土台塬

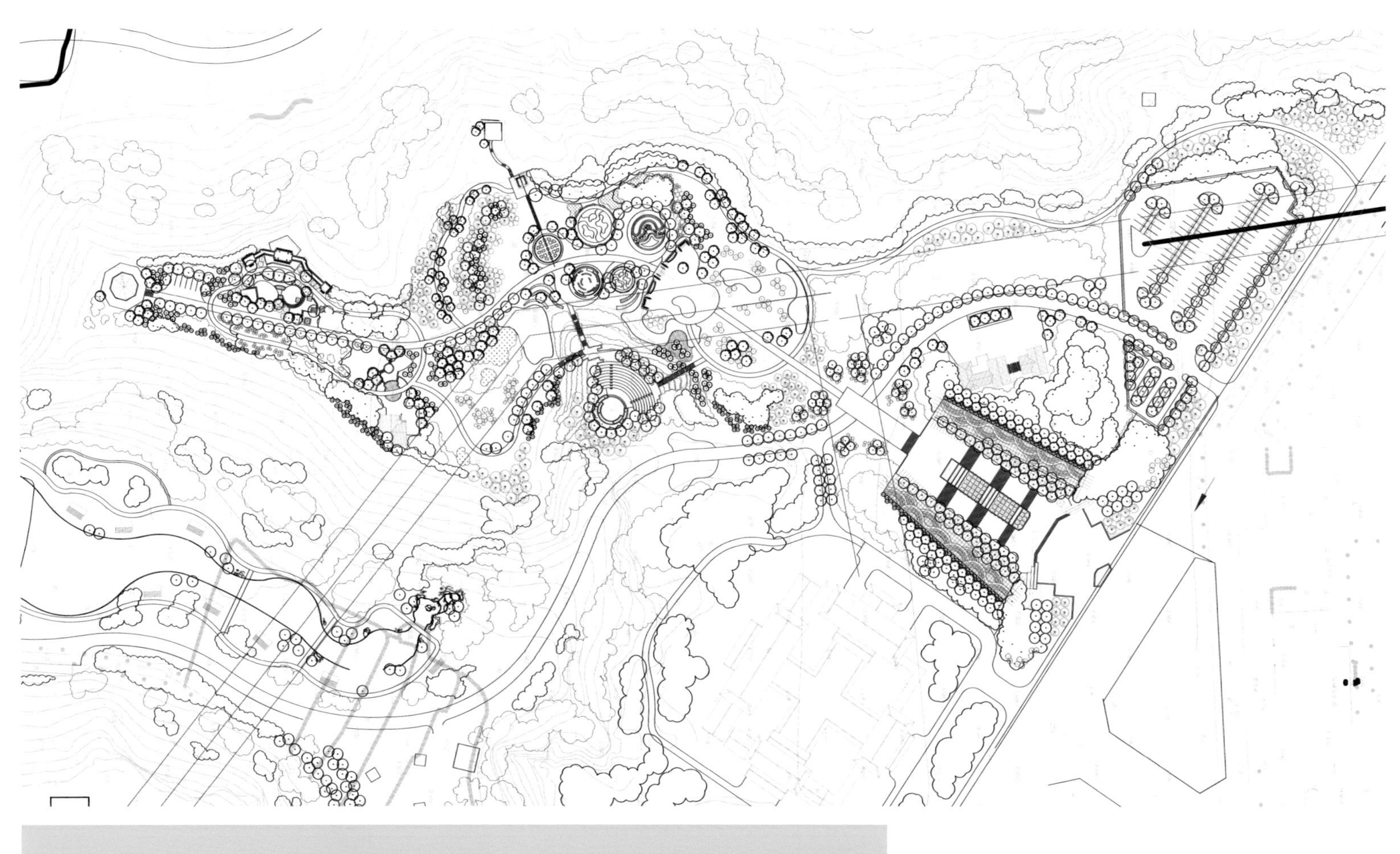

大门效果

会兴华苑

桃源幽谷

芦荡烟雨

茅津古渡景墙

茅津古渡

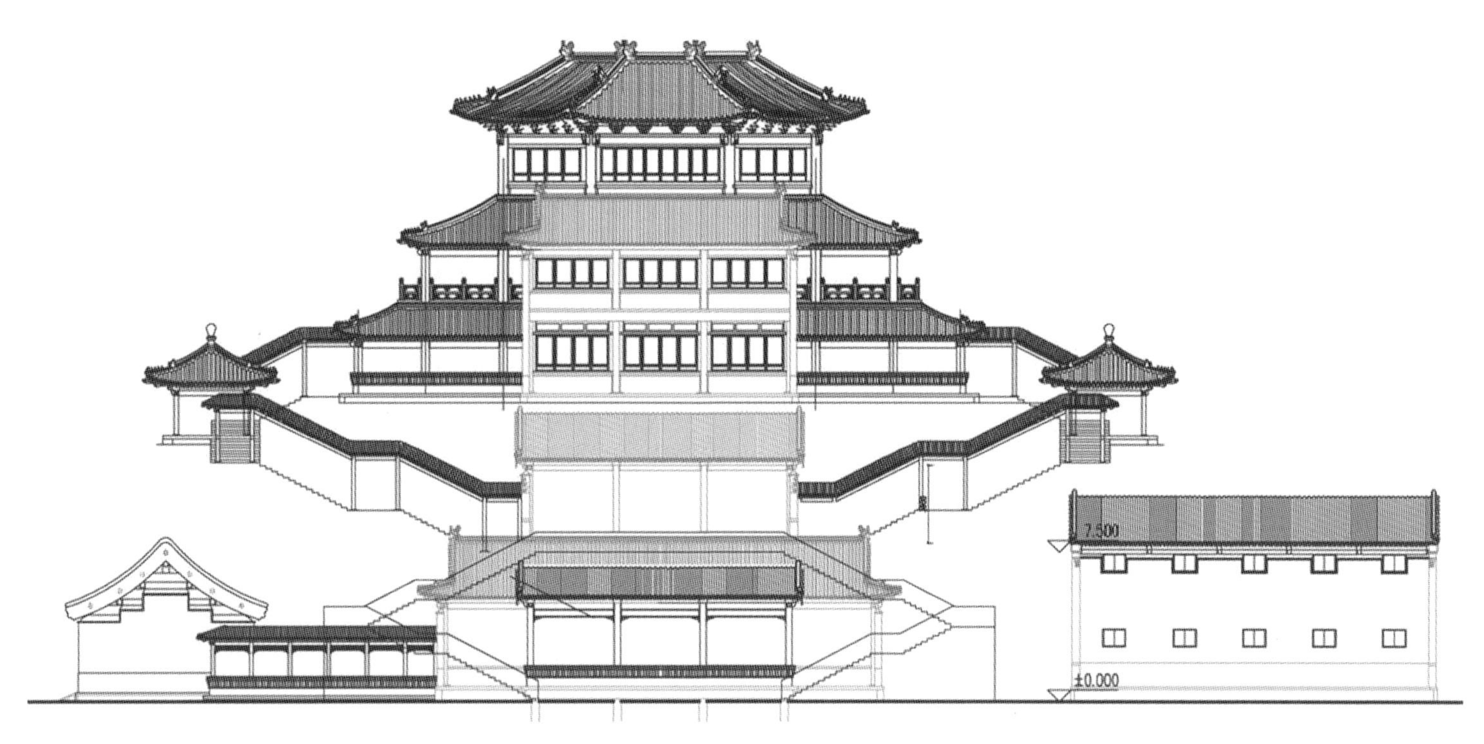

塬起金涛主建筑

望江阁效果

会兴华苑宾馆意向方案

生态优先的长远规划

通州、延庆
平原造林

项目地点：通州区、延庆县

规划面积：10 余万亩

设计时间：2012~2013 年

从 2012 年开始，我们承接了通州、延庆等四个郊区 10 余万亩的平原造林设计任务。这不是公园，也不是滨水生态修复，而是平原造林。为了做好这项新的工作，我们需要学习包括林业、生态、旅游甚至林下经济等许多新的知识和信息。

在设计过程中，大家深感理论的储备和支撑不足。在这期间，我们得知有的单位已经对奥林匹克森林公园的种植设计进行了几年的追踪调研，对其中一些重要的生态因子，从定性到定量，开展了科研性质的研究，这使我们获得一定的启发。

现阶段我们做了这么多工作，有正确的一面，也有主观的一面。这一切都需要等待时间来验证和总结，经过十几年、几十年，甚至百年之后，才能评论我们的功过。

除了平原造林的生态功能和科学性之外，有些事情今天也应当预见到。我们认为每个区县、乡镇，拿出几千亩、几万亩进行平原造林是做出了很大贡献和很大牺牲，我们为什么不能研究每块土地的潜在价值并兼顾农民的利益，使它们成为可持续发展的动力，而不是为了种树而种树，甚至有些地方乱种，没几年就可能重新再种。为了改变这一状况，我们在设计中，努力预先加入一些长远的总体规划，例如，坚持一乡（镇）一特色的规划思路：我们设计了西集镇环保林和樱桃王国、潞城中医药树木园、漷县的林下花卉、台湖镇体育文化公园等等。有了长远的蓝图，然后再落实到当前应当从哪里种，怎样种，种什么树。我们的设计，力争为将来的发展，多留一些弹性空间。有了科学的规划和长远的设想，使农民看到这块土地的远景，他们就会增加信心，主动拿出土地参与造林，为改变北京市的生态环境做出贡献。

总之，即使是以生态优先的平原造林，也不能以单一的生态因子来决定规划设计的模式。应当树立综合的、有长远预见性的规划设计理念，多专业合作，共同完成。这是史无前例的生态工程，对于未来，我们希望的是少留一些遗憾。作为园林人是有责任、有能力参与这项伟大的事业并且发挥出我们的正能量的。

通州漷县平原造林

（1）项目概况

漷县镇景观生态林 2013 年造林绿地面积约为 9880 亩。场地情况较好，土地平坦、开阔，土壤为沙土、壤土、混合土，适宜造林。结合功能分区和漷县花卉产业特色，这里将形成万亩森林、绿浪如海，林下花田、复层锦绣，运河曲水、湿地野趣的壮观景色。

（2）设计理念和思路

漷县景观生态林借鉴自然，而不是简单模仿，应当源于自然、高于自然。造林多采取片状混交林为主，拟自然群落种植。造林考虑快慢长树相结合，3 年见林，10 年移载，30 年更替，50 年稳定，保持最大的生态效益。种植的形式有：近自然种植、整齐林木种植、景观林种植、湿地种植等。

在河滩地段，多选用耐水湿的乡土树种。

（3）植物大景观分区特色

历史记忆区——层林尽染。大面积栽植秋色叶树种，从乔木到灌木到地被，既有三季色叶树，又有秋季变色树种，从时间到空间全方位营造色彩斑斓的色叶林海。

花卉产业区——锦绣芳菲。大树花 + 灌木花 + 宿根花卉 + 野花，选择春夏秋各季的开花植物，形成以水平复层群落为主的混交林。

运动休闲区——绿荫野趣。西部利用现状高低不平的大沙坑，大量栽植高大乔木，形成森林运动区。

东部地势较低，栽植耐水湿植物，形成湿地景观。

漷县 2013 年实施范围整体空间位置

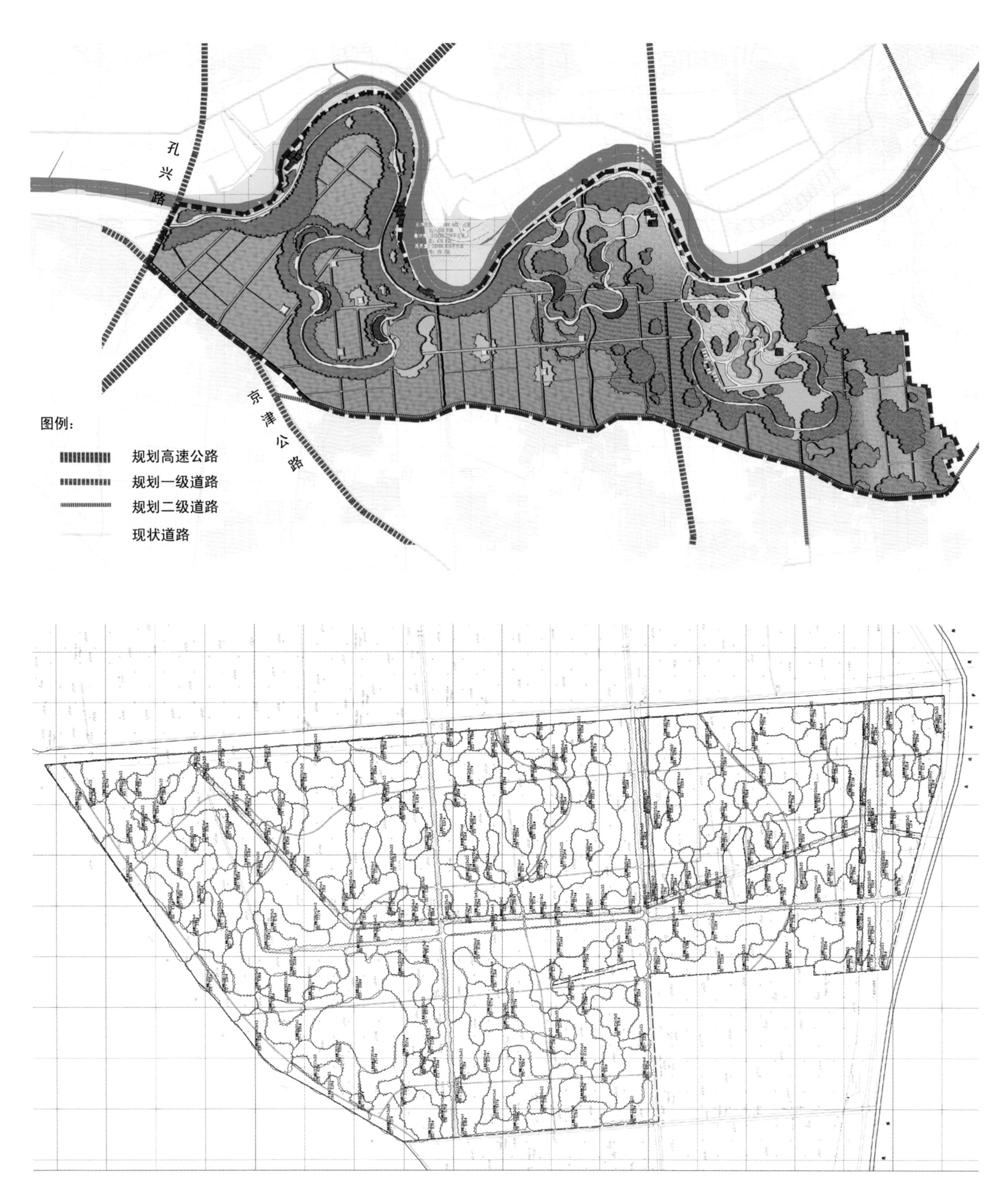

漷县北运河景观生态林 661 重点地块种植设计图

通州区西集镇万亩平原造林

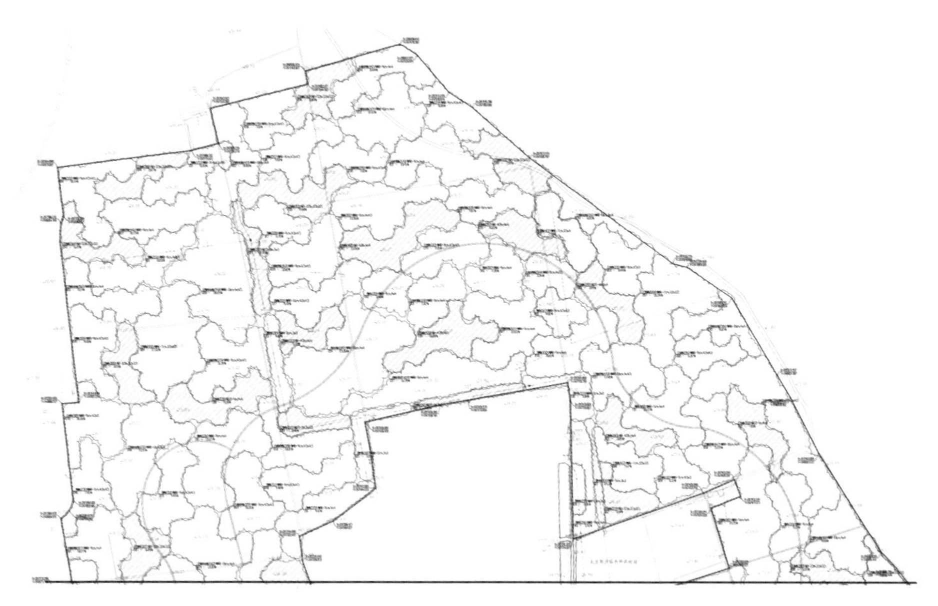

西集局部地块种植图

（1）项目概况

项目位于通州区西集镇，总面积约为10230.3亩，是2013年通州区平原造林的重要组成部分。整个项目分为西集潮白河景观生态林（面积约5162.2亩），西集北运河景观生态林（面积约3564亩）和西集京哈高速绿色通道（面积约1504.1亩）3个子项目。其中潮白河景观生态林和北运河景观生态林属于景观生态林的建设类型，分别位于潮白河南侧和北运河北侧；京哈高速绿色通道属于通道景观防护林类型，位于京哈高速道路两侧。项目用地基本为农田地，地势较平坦。

整体鸟瞰图　两河交汇，林带成片

（2）设计理念及思路

1）潮白河景观生态林、北运河景观生态林。因地制宜，以乡土乔木树种为主，集中连片，成带连网，构建大尺度的滨河森林。优选体现运河风貌文化的乡土树种，突出潮白河、北运河自然生态的美丽，创造“万亩森林，绿浪如海”的森林环境，强调近自然的理念，采用块状混交的种植手法，形成生物多样性丰富的城市森林生态系统和周边村民优美的自然生活环境。树种选择上，优先选用生态效益高、固碳能力强的树种。河滩地多选择深根耐水湿树种（如垂柳、立柳、毛白杨等），在区域内的主要道路侯肖路、北环路两侧，突出色叶树种（如银杏、栾树、白蜡等），形成季相变化丰富的彩叶风景林，在侯肖路和北环路交会处形成近自然的植物群落的森林节点。

主要树种：油松、雄性毛白杨、立柳、银杏、刺槐、白蜡、国槐、垂柳等。

2）京哈高速绿色通道。适地适树，以乡土乔木树种为主，加宽加厚原有高速防护林带，形成突出防护功能的通道防护森林，适当增加彩叶乔木树种（如银杏、金叶国槐等），丰富森林的季相变化。树种选择上，选用树形高大，耐污染，滞尘作用明显，防护能力突出的树种（如油松、立柳、刺槐、毛白杨等）。

主要树种：油松、雄性毛白杨、刺槐、金叶国槐、栾树、立柳、银杏等。

京哈高速绿色通道

西集潮白河林海

北运河整体森林景观

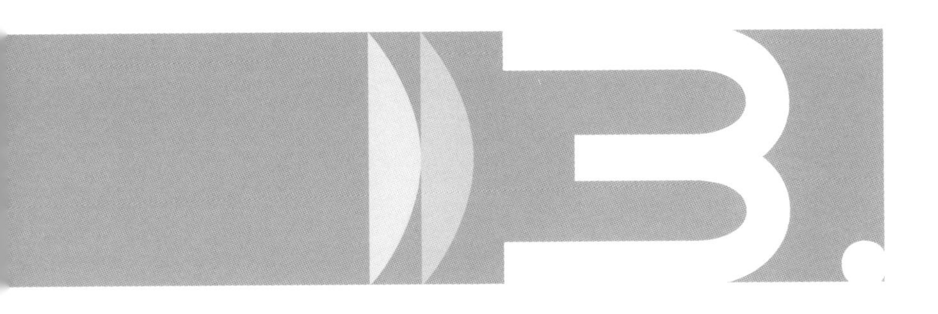

通州潞城潮白河景观生态林

（1） 项目概况

本项目为通州2012年平原造林项目，林地面积为8785亩。

（2） 设计思路和特色

设计以药用树木林为特色，营建大尺度、大规模、近自然的城市滨河森林景观，改善与提升区域生态景观效益，构建自然和谐、天然野趣、景色优美、环境宜人的以森林生态景观为主的绿色空间。注重景观完整性，归零为整，形成完整的城市平原森林生态系统，营建多样化的森林群落景观。

根据地理位置与周边环境，将林地分为5种类型，根据各类型的生态功能与景观需要，确定植物品种与种植结构。

道路景观生态林：构建抗污染强的城市道路风景林带。植物选择注重城市景观的个性营建。

河道景观生态林：注重河道森林景观的整体性，选择耐水湿和深根性的植物。

休闲景观生态林：不仅固碳能力高，还注重生态多样性和森林生态结构的营建，以长寿植物作为造林植物的骨干，在林缘选用了蜜源、食源植物。

景观生态林：注重固碳能力高、造价低、易管理等，适当加大速生比例。

村域周边保护性景观生态林：强调防护功能、隔离功能和生态功能的多重体现。

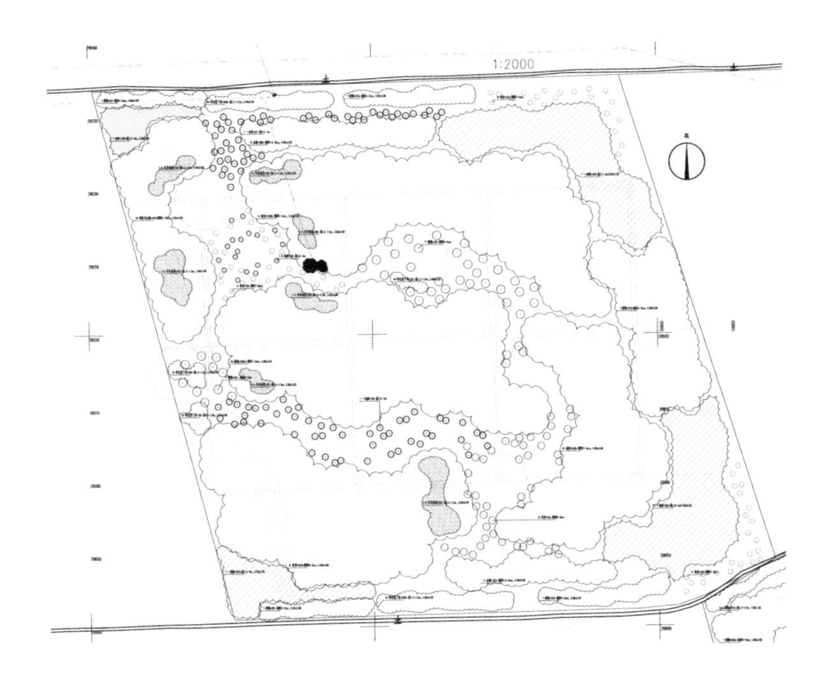

潮白河潞城万亩森林

延庆平原造林

（1） 项目概况

本项目是 2012 年度北京平原造林中唯一的超万亩的集中连片的近自然森林，林地面积 12900 亩。

（2） 设计思路和特色

设计将全市大尺度的生态改善工程与延庆“县景合一”的发展目标相结合，依据延庆县高海拔，彩叶树变化明显，具有“塞外风光”的景观特点，以“九曲花溪、多彩森林”为理念，集中成片构成白桦林、樟子松林、栎树林等高海拔特色森林景观，配合白蜡、洋槐、栾树、元宝枫、金枝垂白柳等彩叶树种，在形成京城北部第一道生态隔离的同时，以大区域定位、大尺度规划、大手笔实施为方法，将县域各种资源整合，整体打造成一个超大旅游景区。

蔡家河区域景观平面图

烽火台节点效果图

造林成果实景照片——大山大水的植物大景观

造林成果实景照片——林下经济“万亩万寿菊”

林下万寿菊

造林成果实景照片——山、水、林、田、路、村，“县景合一”

新型城镇化背景下的景观建设

河南武陟县东北半环景观规划

项目地点：焦作市武陟县

设计时间：2012 年

进入 21 世纪，我国传统城市化进程开始发生转变，由原来的单一区域中心建设逐渐向城乡统筹、城镇一体发展，建设的重点也由片面追求指标数据转变为生态宜居、和谐发展的新型城镇化建设。这一切都要求我们避免像以往割裂式的考虑项目的情况特征，应从城市整体、系统的角度出发，完善城市绿地体系。在此基础上首先分析城市需要什么，以此确定绿地的类型重点，从而注重城市居民生活质量和区域文化特色对绿地的各项要求，实现生态效益的最优化，避免传统的就绿说绿的现象出现。武陟县东北半环的绿地景观设计即是在此指导思想下完成的。

项目背景及存在问题分析

武陟，历史上以商末武王伐纣而得名。其县域位于河南省西北部，焦作市东南，北依太行，南临黄河，总面积约 832km^2。城镇总人口约 50 万人。

同现阶段中国很多城镇发展所面临的问题一样，武陟县人口稠密，绿地少且分布不合理，未形成系统的绿地网络体系，规划新城与老城区缺少绿色生态和文化联系过渡。居民缺少游玩、休闲的公园和公共活动场地。另外，武陟作为郑焦线通往云台山风景区的重点城镇，缺乏独有的城市景观风貌。不能展现其千年古城的文化底蕴和良好环境，这些都是本次设计所待解决的问题。

规划内容及目标

2012 年受当地政府委托，我们承接了武陟县老城区多项设计任务。包括东北半环两条主要道路绿化及沿道路周边的 6 块公园绿地的建设项目。不同场地大小不同，分处城市的区域也有所差异。而最初委托方对这些绿地并没有什么完善的概念，仅仅是“公园化、绿化美化、群众活动”的基本要求。与委托方深层次沟通并查阅了当地历史文献后，提出应从城市的角度出发，系统地分析每块场地自身特点及城市需求。通过结合武陟悠久的历史文脉后发掘当地历史文化融入环境景观中来，并对其的使用功能及建设目标进行分级。因地制宜，依据场地自身特色建立城市广场、综合性城市公园、文化特色公园、街头小游园等不同类型各具特色的公共绿地。满足居民不同的休憩需求，从而为城市提供多重生态服务观赏系统。通过道路绿化进行串联后，初步构建武陟老城区域绿色廊道网络及具有文化底蕴的景观窗口，实现东北半环绿色项链的设计意图。

设计具体思路及策略

建设完成后的武陟东北半环景观绿道共包括 1 个城市广场，1 个综合性城市公园，1 个历史文化公园，3 个城市小游园及 2 条城市主干道道路绿化，而以绿为契机，因地制宜地改善城市面貌及区域生态环境，为居民提供游玩休闲场所，在城市层面带动生态环境及区域经济的协调发展是本项目最主要的设计思路。现简要介绍项目方案内容：

（1） 城市广场——武德广场

武德广场位于县城东部，面积 3.82hm²，是老城区与新城区相连的城市节点。周边是高层住宅和商业建筑，居民人流通行及商业活动繁多。因此武德广场的定位首先是城市的开放空间，具有显著的标识性和集散活动的功能，是反映新区建设的文化窗口。设计上着重体现现代、时尚、活力的风格，展示城市化新区的建设成果。广场由两个功能空间组成，西侧紧邻城市道路交叉口，是视线交会的外向型空间，结合富有凝聚力的景观雕塑和音乐喷泉突出区域的商业景观形象及高水准的城市广场空间环境。东侧靠近住宅区，是相对绿色、安静的城市花园。动静相宜，时尚绿色。

武德广场效果图

（2） 城市公园——覃怀公园、仰韶文化公园

覃怀公园位于县城东北部入城口，总面积约 55hm²，建成后将成为武陟县城面积最大的综合性城市公园。武陟史称覃怀，县志上多有森林、湿地等自然优美景观的环境描述。作为当地最大的公园绿地，覃怀公园更应突出自然、绿色，发挥城市核心绿地的生态效益，是城市的绿肺。公园以生态、绿色为主题，山环水抱的山水构架，体现古城应有的自然文化；配以内容丰富，景观优美的活动空间，满足居民娱乐、休闲、健身，

覃怀公园鸟瞰图

亲近自然的生活需求；强调入城口的景观视线效果，大体量的生态绿色映入眼帘，将成为武陟县城的第一印象。巨大的绿量将成为区域周边生态宜居的环境基础。

仰韶文化公园面积约 30hm^2。部分场地内存仰韶文化遗址，这是公园的核心内涵，应安全合理地加以保护和展示。设计体现武陟千年名城的历史脉络，在优美的自然风光之间突出古县城的悠久历史和文化积淀。公园重心是一片下沉的遗址文化展示空间，其他富含遗址区域以绿化封存方式加以保护，避免人为干扰，并结合文化艺术形式对历史文化知识进行科普宣传，其中设计多个绿色静思空间。让人们徜徉其中，在享受自然美景的过程中，穿越时空，感受历史，了解地方文化，这也是武陟展现历史文化风貌的一个重要窗口。

（3） 3个城市小游园

按照突出自身的情况特点进行设计。虽然面积不大，规模分别在 3.5~7.5hm^2 之间，但重在改善城市的绿色生态环境和丰富城市周边居民绿色休闲活动场所，完善武陟东北半环的绿地系统功能。如迎宾苑位于焦郑高速公路小徐岗出口，设计开敞的大草坪为主体的绿色开放空间，突出城市的尺度感及视线的纵深感。配以迎宾主题的现代标识强调城市入城口大气、开放、绿色的景观特色。

覃怀公园林地休闲区

覃怀公园主入口

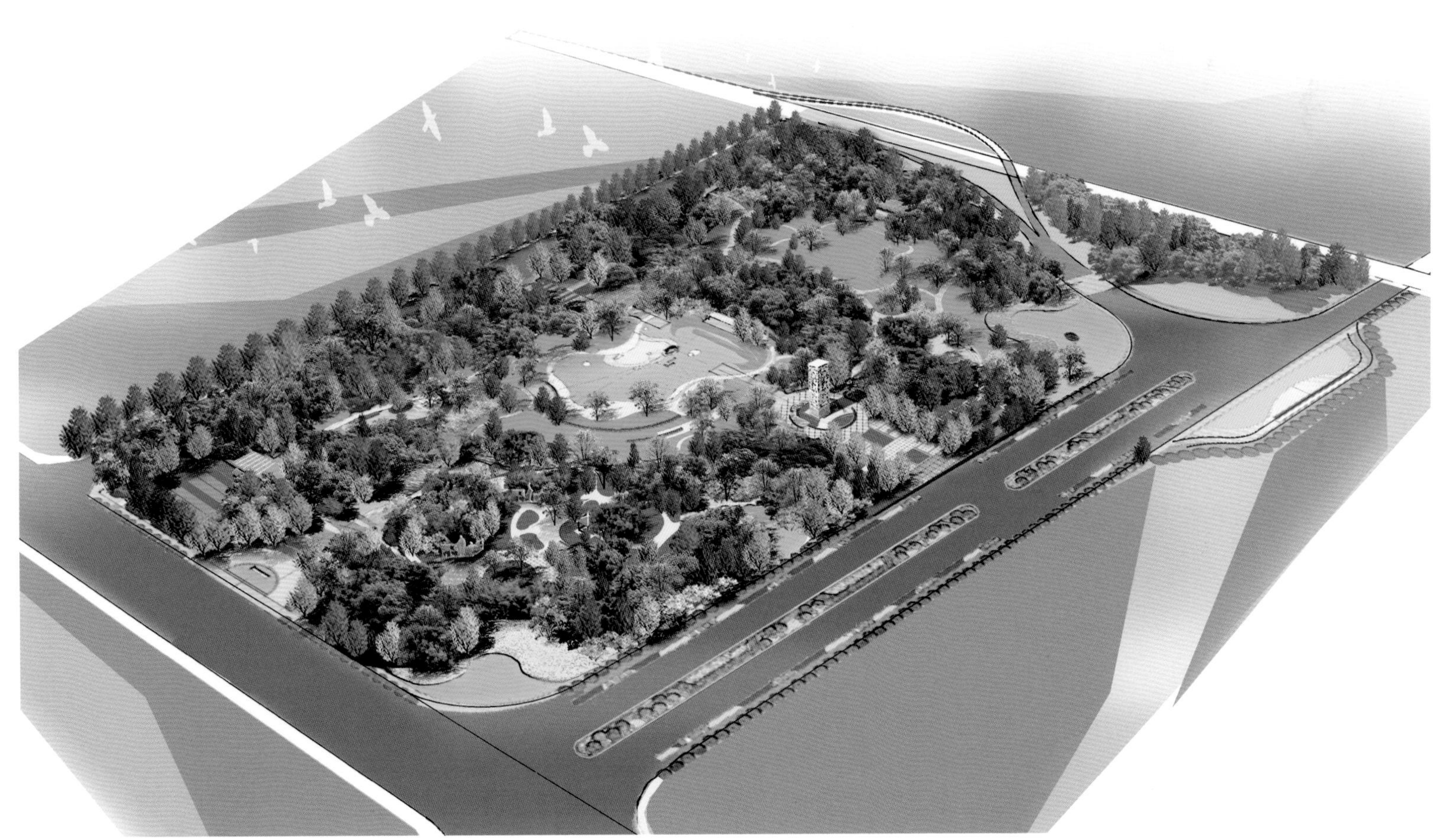

仰韶文化公园鸟瞰

武德广场局部

（4） 道路绿化设计——龙源路、詹泗路

道路绿化是城市绿地系统的骨架和绿色景观廊道，纽带性地将城市中各类绿地组织在一起，形成一个完整的城市绿地系统网络，并根据城市需要强调自身特点。龙源路位于县城的北部，全长5580m，是城市主要干道，连接了东西两处入城口，周边多为商业建筑。依据此特点，强调龙源路绿浪花语，配合底商创造疏朗大气的景观空间。具体设计上运用复层种植和微地形的塑造，增强植物景观的立体效果，突出大绿量，形成连绵起伏的层层绿浪。詹泗路位于产业聚集区，全长约2000m。相对远离主城区，是东南入城的道路，设计上采用自然组团式种植，把两侧的田园风光收入道路景观，形成具有生态自然的绿色廊道特色。

武德广场鸟瞰图

龙兴苑局部

小结

新的城镇化建设要求我们在设计上有新的思路和重点，考虑项目更多地要从城市系统整体的角度进行分析，强调绿地与城市整体脉络之间的联系。以点带面，以线连片。从而解决现阶段小城镇绿地类型单一，缺乏特色，整体布局功能不合理等弊病。这次工作即是在此指导思想下完成的一次实践。现大部分项目已经初步建成，已有效改善武陵县的原有景观面貌和生态环境，提升了城市环境品质。为下一步武陵申报国家园林县城，整体实现和谐宜居的文化古县目标，打下了坚实的生态环境基础。

龙源路道路绿化——绿浪花语

詹泗路道路绿化——车行视线

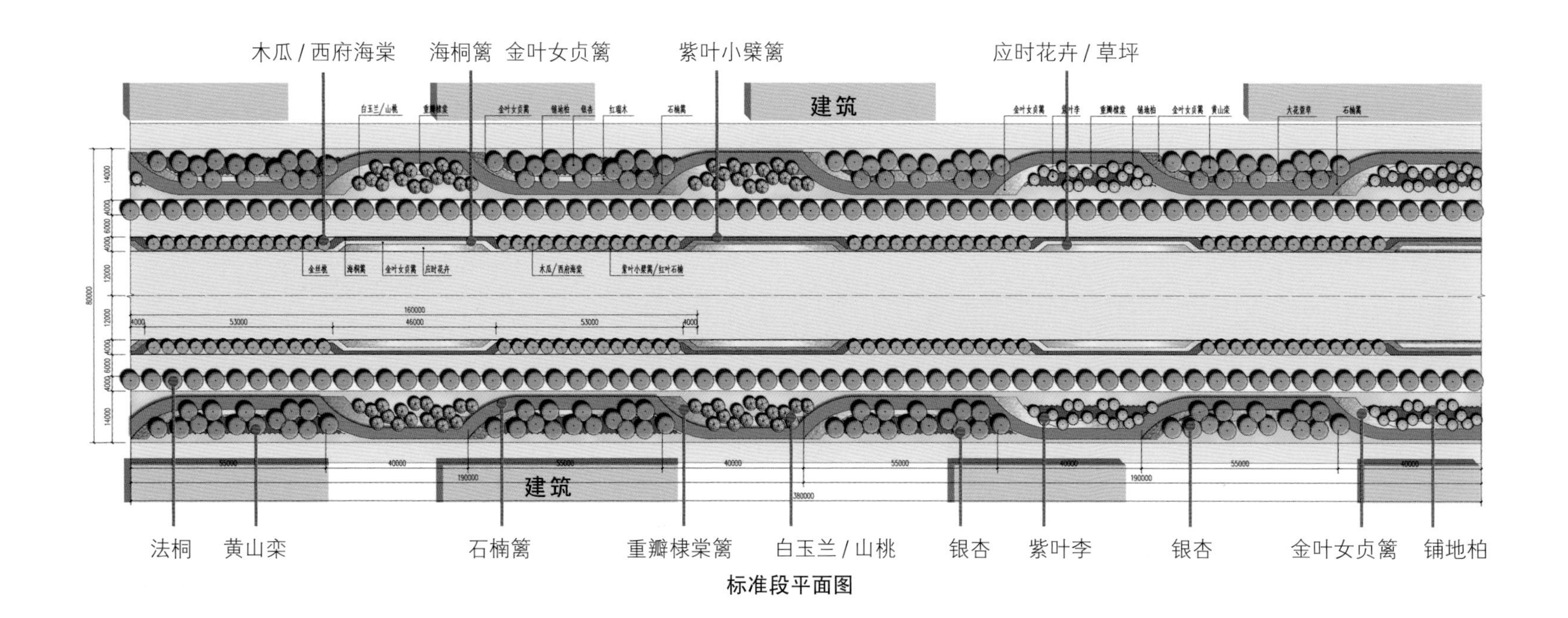

标准段平面图

武陟入城口绿地

龙兴苑街道节点鸟瞰效果

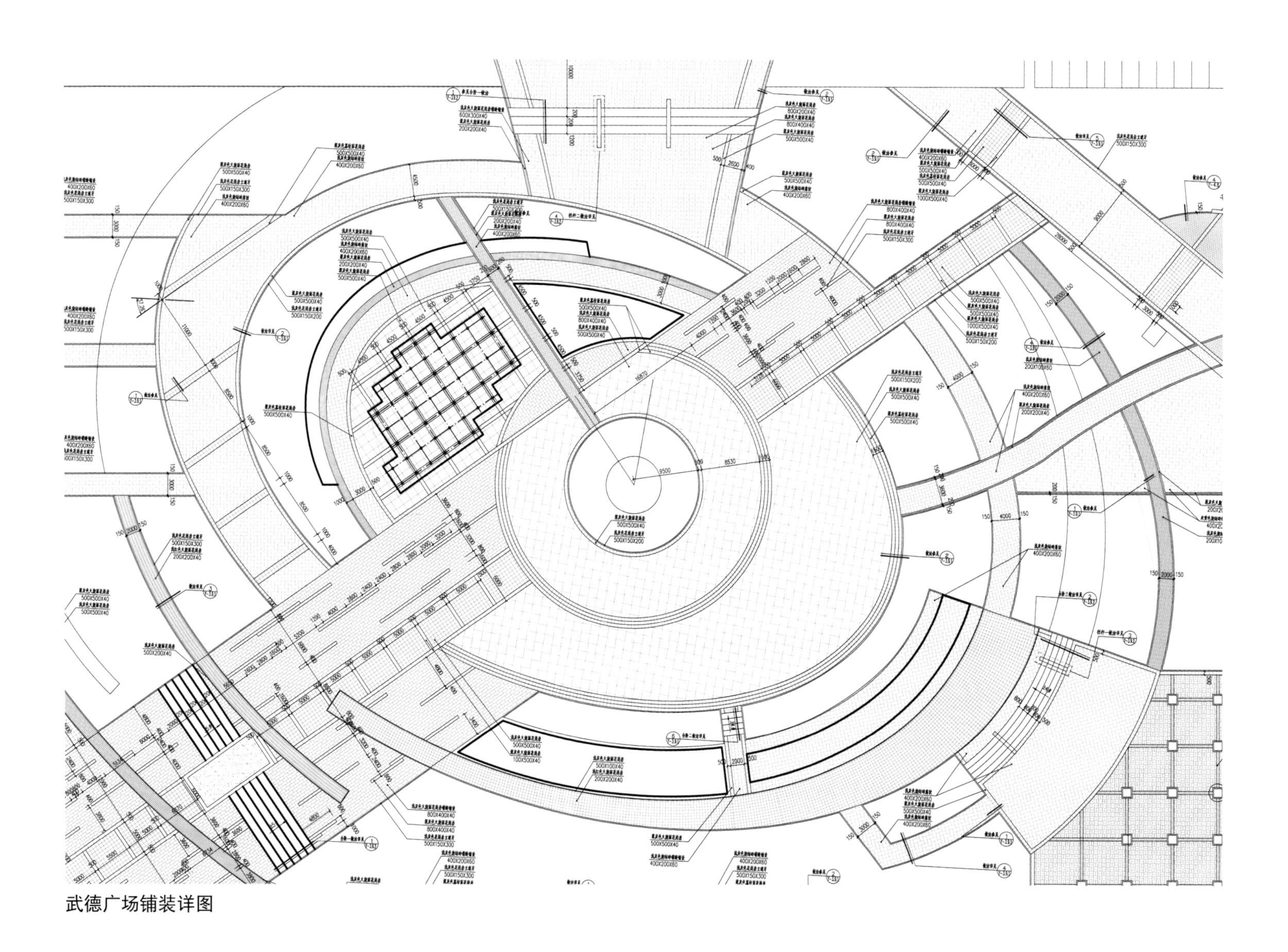

武德广场铺装详图

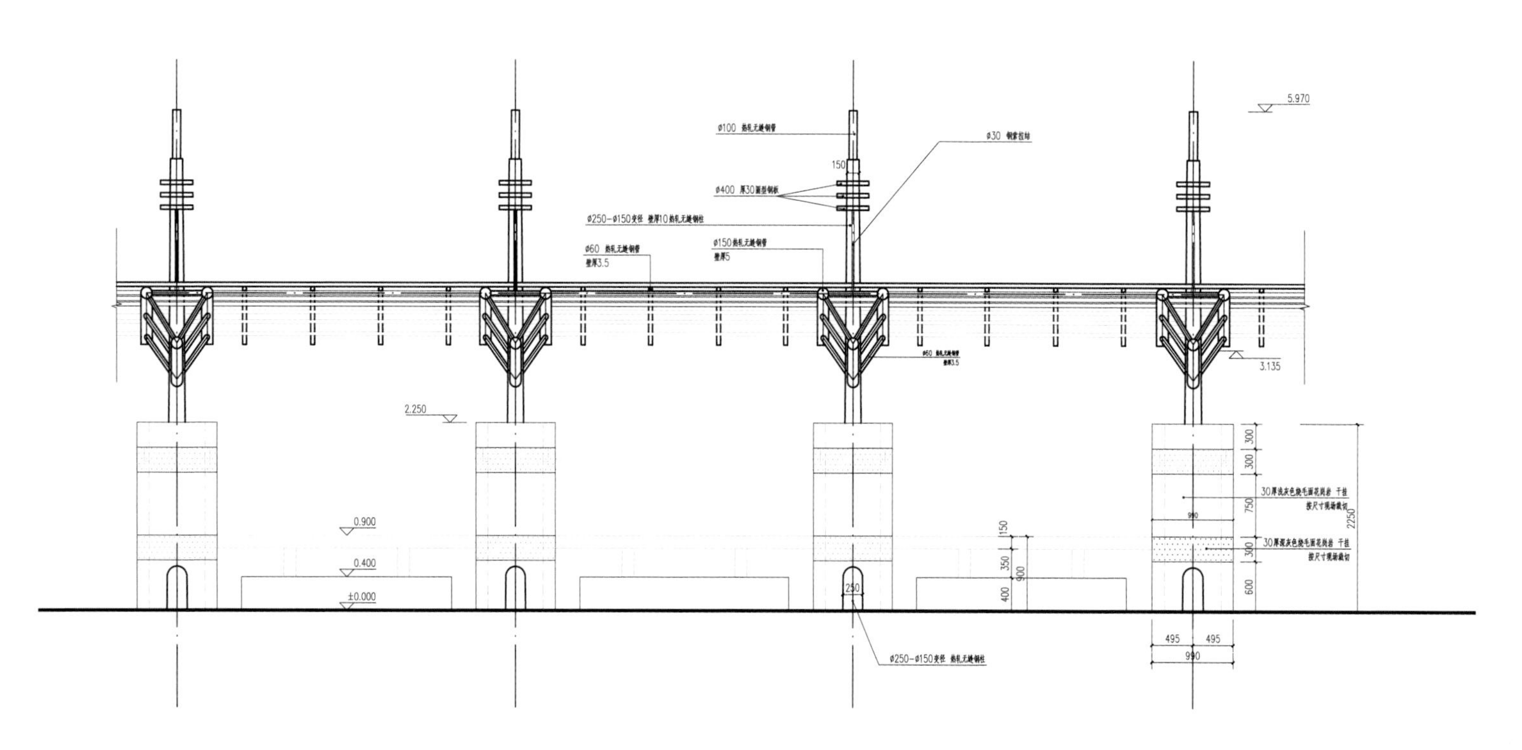

武德广场廊架立面图

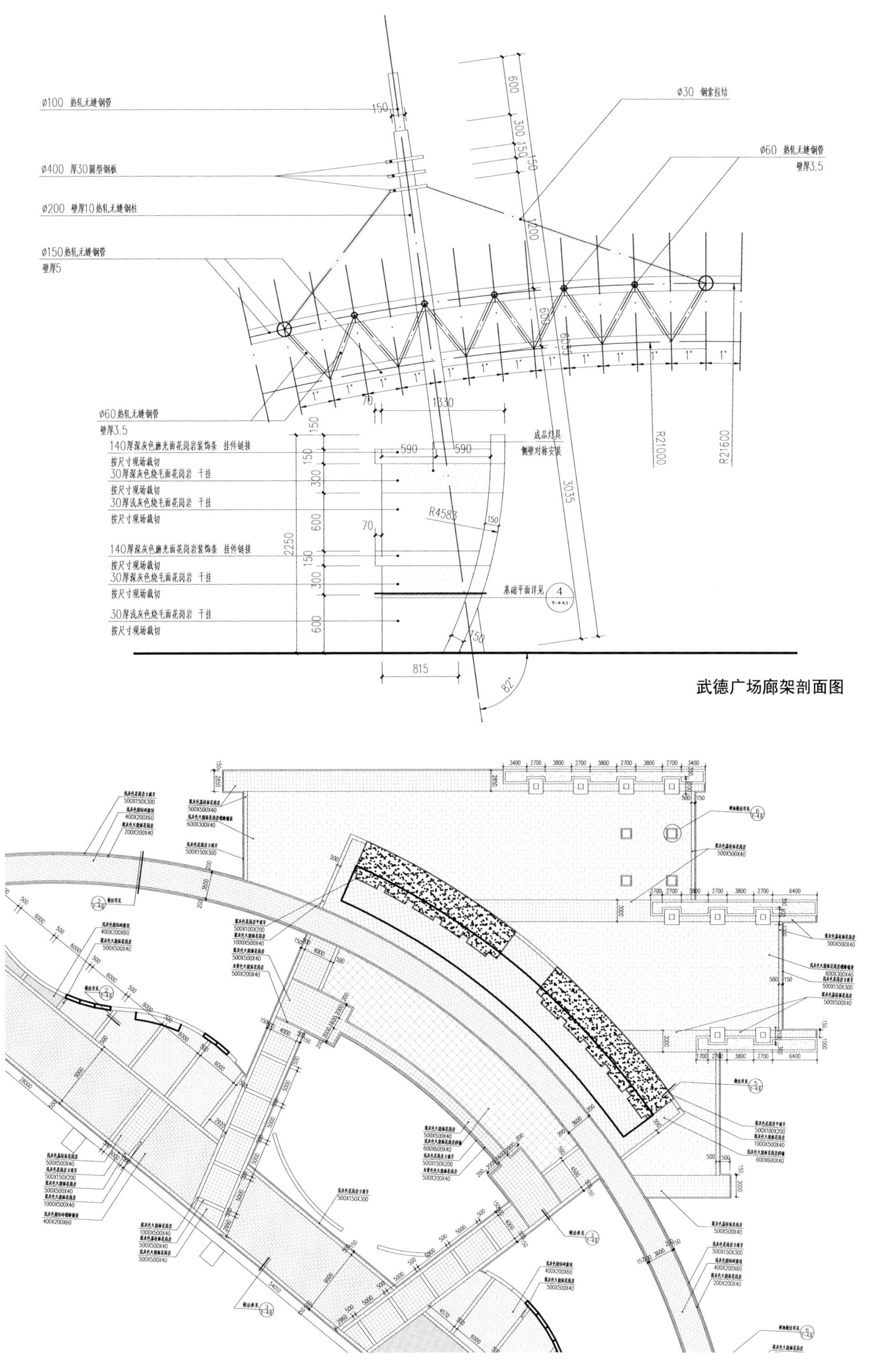

武德广场廊架剖面图

武德广场廊架剖面图

有限资金与高品位园林

石家庄水上乐园

项目地点：石家庄
用地面积：38hm²
设计时间：1997 年

石家庄水上公园设计视角独特，是一座寓知识于休闲之中，寓文化于娱乐之中的城市综合公园。共有生命之源、开心娱乐、水上游览、欧陆风情、燕赵之光、金霞天寿 6 大景观分区，包含了 30 多个景点。我们提出的设计方案，以专业缜密、形象鲜明，具有品位而又切合当地实际，一下子征服众多评委和业主代表，他们一致认为这是一个实施性很强的优秀方案。

建成后的石家庄水上公园，集中了一大批国内外建筑艺术、园林艺术、雕塑艺术精品。其中有世界知名的赵州桥及震海吼，有承德避暑山庄特色的烟雨楼，以及河北民居、名人景墙等。公园西北部的欧陆风情景区还修建了法国列柱石雕廊和太阳神阿波罗大喷泉、情侣喷泉以及小美人鱼雕塑等。还有表现现代建筑风格的飞鸿九曲桥、奇趣廊等。位于公园东部的游乐项目区，成为石家庄地区项目最多、规模最大的游乐场。其中的海战船、遨游太空、阿拉伯飞毯、浑天球、激流勇进等游艺项目深受游人的欢迎。白天，水上公园的环境优雅怡人，沿岸垂柳，湖水清澈;夜晚，各种景点彩灯、喷泉彩灯交相辉映，姹紫嫣红的水景空间，成为市民消夏的好地方。

环境设计放在首位

天下第一城

项目地点：河北省香河县安平经济技术开发区
用地面积：240hm^2
设计时间：1993 年

这是早期的主题公园地产项目。我们的方案首先改变了将“天下第一城”建成类似北京旧城街巷胡同的方案。中心及两翼加入了较宽松的开放式园林，为游人提供休闲空间，为今后的发展保留了土地。少搞建筑的方案，节约了数亿的投资。

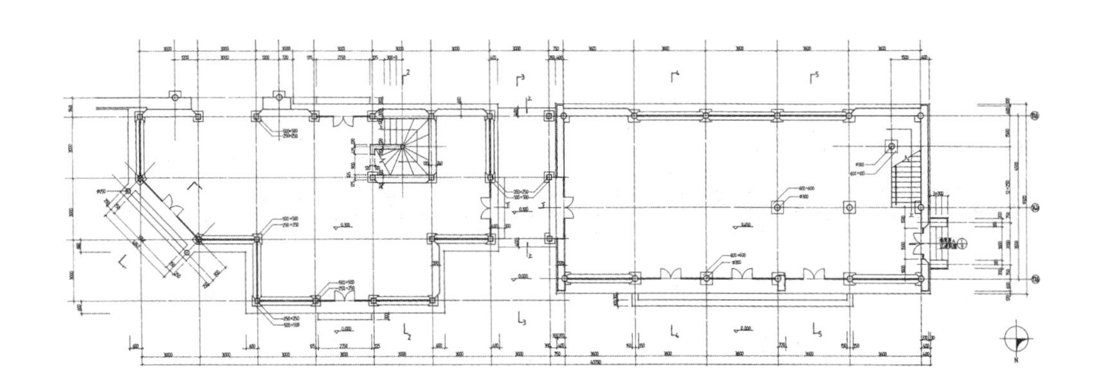

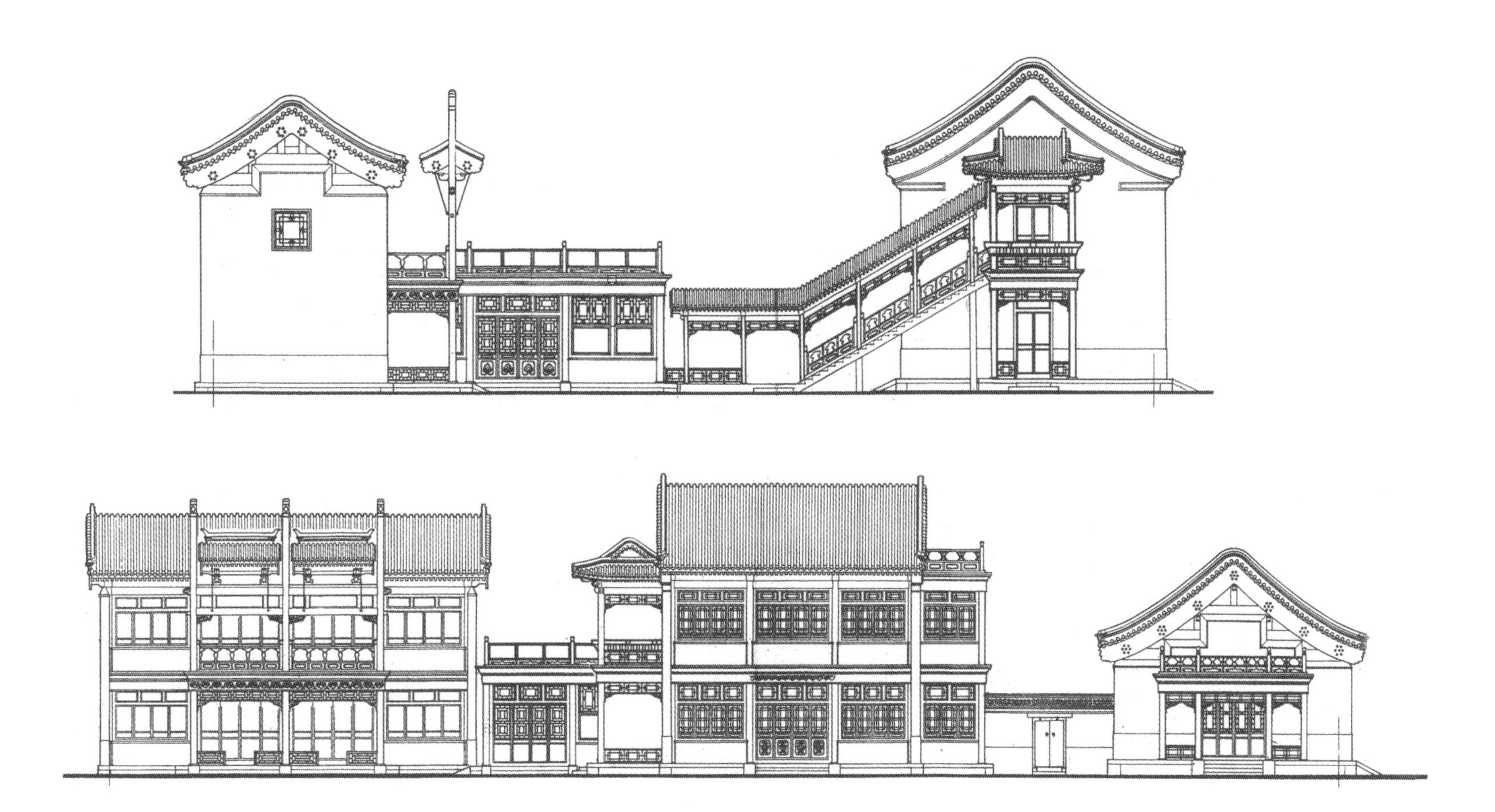

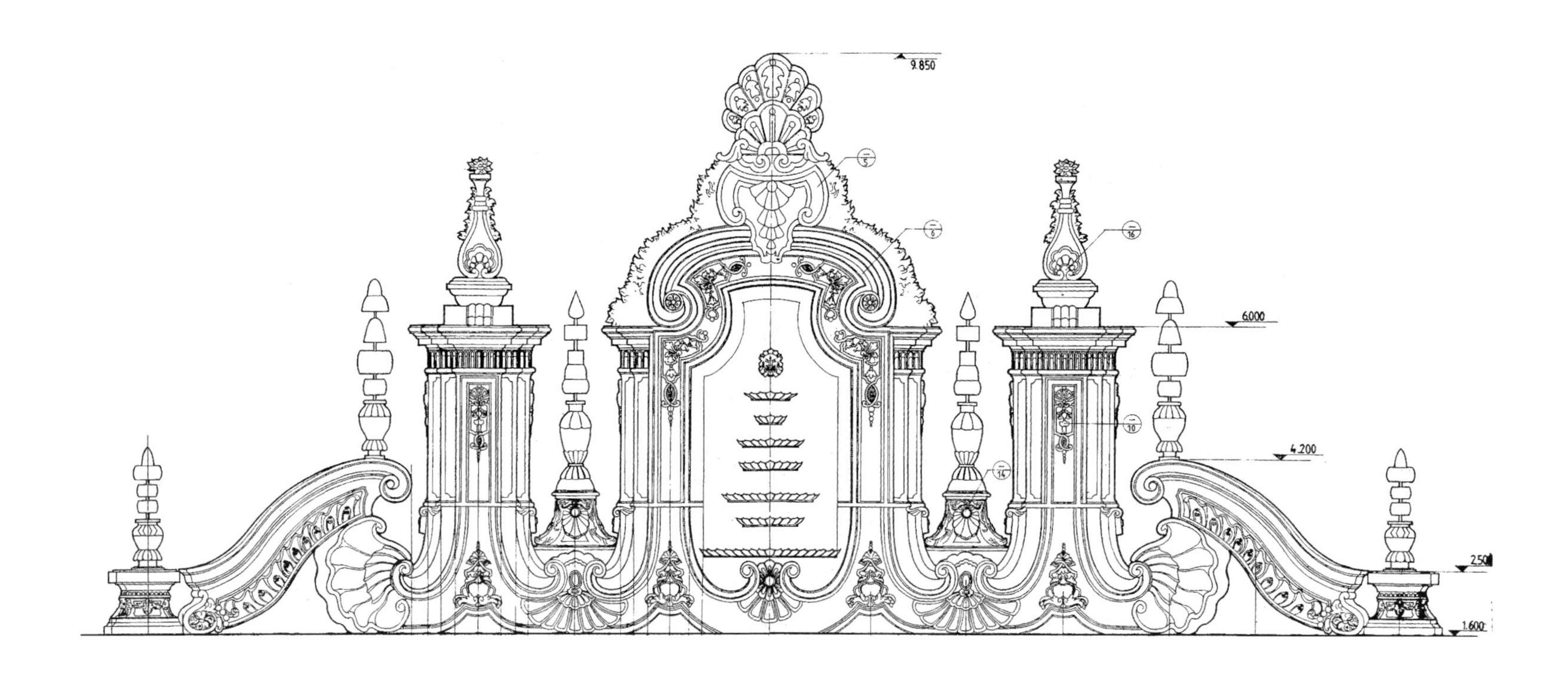
9.850
6.000
4.200
2.500
1.600

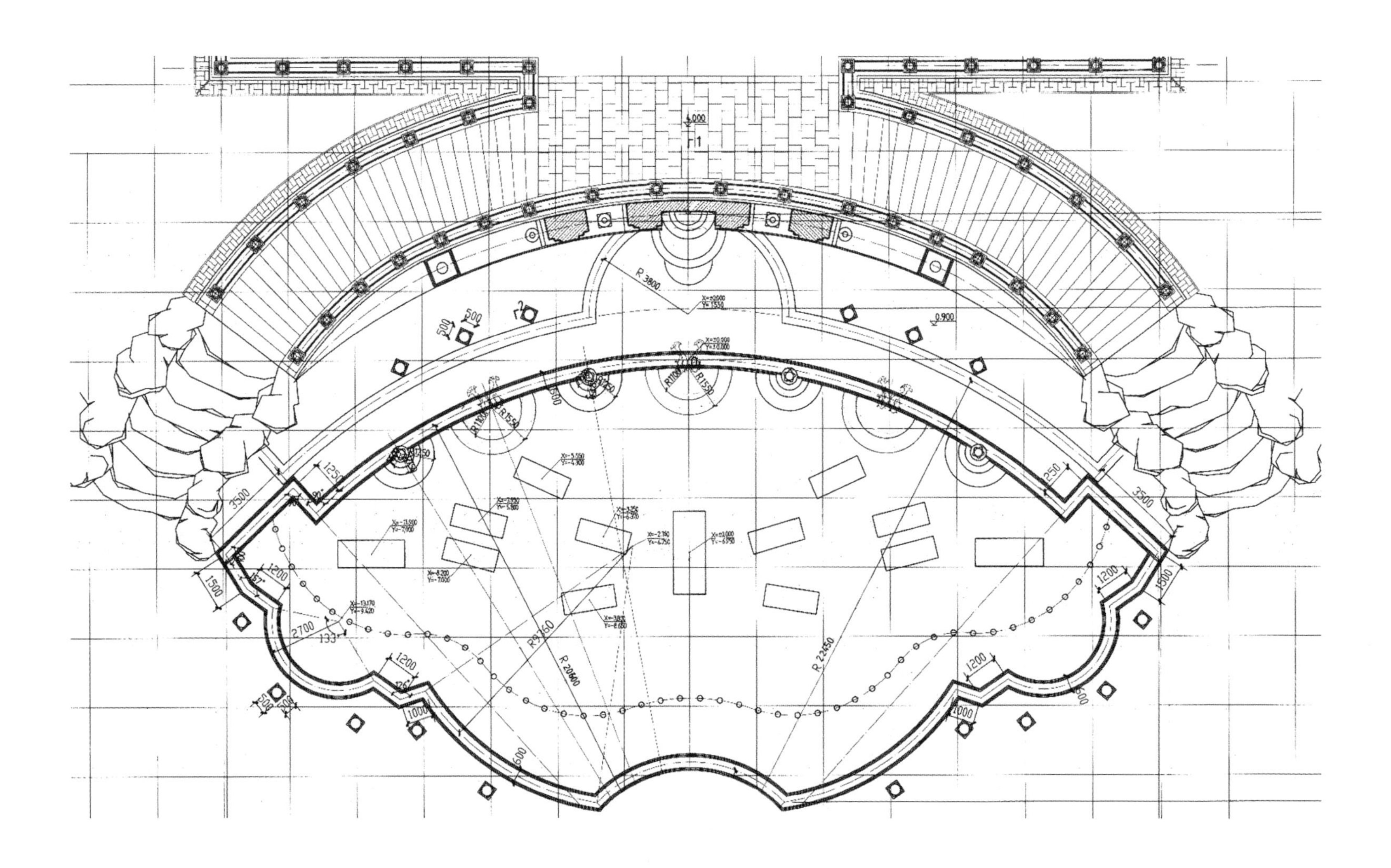

具有特色的郊野公园

古塔郊野公园

项目地点：王四营乡中部

用地面积：占地面积约 836 亩（合 55.7hm^2）

设计时间：2007 年

获得奖项：2009 年度北京园林优秀设计二等奖

作为绿化隔离地区的郊野公园，实现了在原有绿化隔离林地基础上，进行生态改善、景观改善、功能完善的设计目标；以“生态为根、郊野为本、文化为魂”作为指导思想，在强调“郊野”与“生态”主题共性的同时，体现了鲜明的地域文化特性与景观特色。

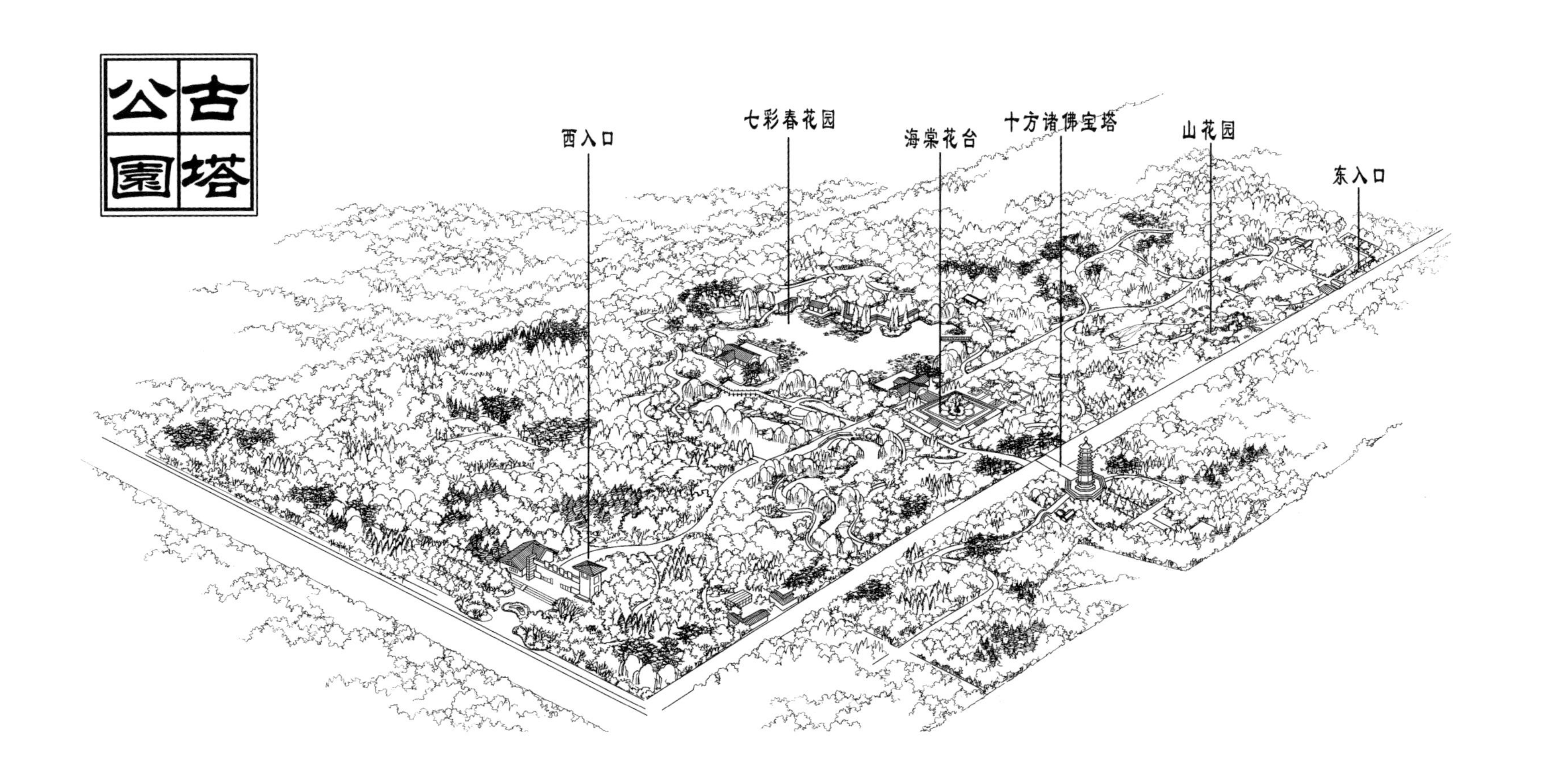

1.

设计理念和原则

古塔郊野公园定位为“集生态休闲于一体的郊野公园”，把自然引入城市，达到“城在林中，林在城中”的设计效果。

因地制宜，保留、改造、提升相结合，突出植物景观特色，节水节能，种植乡土树种、耐旱植物，降低维护成本。体现地区文化性，除对原有寺庙文化的发掘与展示以外，还注重当地民俗文化的体现。

设计特点

(1) 因地制宜，合理利用原有景观资源

设计人员在对场地内现有的苗木资源、道路、基础设施等情况进行深入调查与分析后，提出合理的改造方案，以保证最大限度地利用原有景观资源，达到可持续发展的生态景观建设目标。

(2) 重视植物景观调整与营造

植物景观的营造是郊野公园设计与建设的重点，也是景观构成的基础元素。我们提出：结合原有林地景观，在大面积的背景森林中点缀特色种植，并在林缘及道路两侧丰富植物，做到点、线、面相结合。合理利用公园原有的林木资源，并注重园林植物的科学性应用，以达到人工自然群落的完整性、稳定性、节约性。

栽植北京乡土的抗旱园林观赏植物和一些新推广的节水耐旱园林观赏植物，对城市园林绿化中耐旱节水园林观赏植物的应用与推广具有积极的意义。

（3）突出郊野风格，景观朴实自然

古塔郊野公园景观营造立足于自然、朴实，摆脱城市景观的造作与人工痕迹。景观小品设计体现自然风格，并注重因地制宜，就地取材，利用原场地内遗留的枯木桩加工制作，既节约成本，又独具匠心。

（4）注重个性与地域文化的体现

开发利用公园潜在的景观和文化价值，重视景观建设、公园特色与地域文化的发掘及弘扬是古塔郊野公园规划设计的特点。发掘展示古塔文化，同时结合观音堂画廊一条街等文化创意产业的发展建设，确定公园风格与特色。

十方诸佛宝塔
公园管理处

主入口立面图

主入口区景观设计

北京营城建都滨水绿道

项目地点：北京市西城区

用地面积：$15hm^2$

设计时间：2013 年

全线绿道工程完整体现了“一河、两路、十景”的具有连续性的整体景观。统筹了水利、园林、交通、城市照明及休闲需求，使绿道融入城市、融入生活，全线构建并串联了引领绿色生活的休闲观景平台和慢行系统，将一条城市排洪河道，通过绿道理念的提升，最终形成一条寻根北京、探访古都建城史的特色绿色廊道。

北京营城建都滨水绿道北起木樨地，南至永定门桥，全长约 9.3km。河道是外护城河的一部分，宽度 23~38m，滨河绿地最窄处约 2m，最宽处约为 88m。两岸绿地 30 余 hm^2。沿河流经北京建城、建都肇始之地，既有蓟城纪念柱、建都纪念阙，周边更有白云观、天宁寺、先农坛等众多历史古迹，以及大观园、陶然亭等人文景观，历史文化底蕴深厚。将“生态、文化、民生”相结合，通过绿道对现有绿地、景点的串联，不仅使被遗忘的历史文化资源及周边的环境得到有效提升，同时还有利于强化城市特色和形象，提升城市整体环境和城市价值，提高了南城居民的自豪感和幸福感。

整个绿道的核心和高潮是位于莱户营东侧的金中都公园（原丰宣公园），它是整体绿道主题特色的集中体现。面积约 $5hm^2$，北京正式建都是从金中都开始，至今已有 860 年的历史，定位为反映金中都建都历史主题公园，首先因其位置的特殊性：公园紧邻金中都的中轴线——应天门和宣阳门附近，是最适合反映体现金中都建城历史的场所。其次是文化的唯一性：北京已建有反映元明清建城史的公园，而唯独缺少了金中都的这段历史，“北京建都始于金代”也被很多人所忽视，公园的建设将弥补这一缺失，使北京城形成完整反映古城建都历史的公园体系。

公园设计上彻底改变了原有以开阔草坪为主的单调格局，依现状地势，挖低就高，形成开阖有序、自然变化的谷地空间，以记载中的杏林柳村形成特色森林景观。在山谷中设一组体现金中都建设场景的系列小品，创造独特历史文化氛围，唤起人们对“营城建都”历史的记忆，利用空间的渗透和人们的活动形成跨越时空的文化体验。在中心广场，将金中都南城门——宣阳台的造型抽象概括，形成台式主体景观，配以可遮阴避雨的千步廊、拜天亭、净莲池，浓缩出中都城的古韵雄风。宣阳台作为公园的地标性观景建筑，隐现与古松翠柏间，登高远眺，成为城市景观的一部分，整体营造出了一处体现金代文化的“室外博物馆”。

夜景鸟瞰效果图

白纸坊桥头节点

北京建都纪念阙

特色景观亭

艺术荷花栏杆

木樨渔趣节点下沉休息空间

金中都公园鸟瞰效果图

金中都公园主门区效果图

公园次入口——榫卯结构公园名牌

营城建都主雕

雕塑小样

公园剖面空间分析

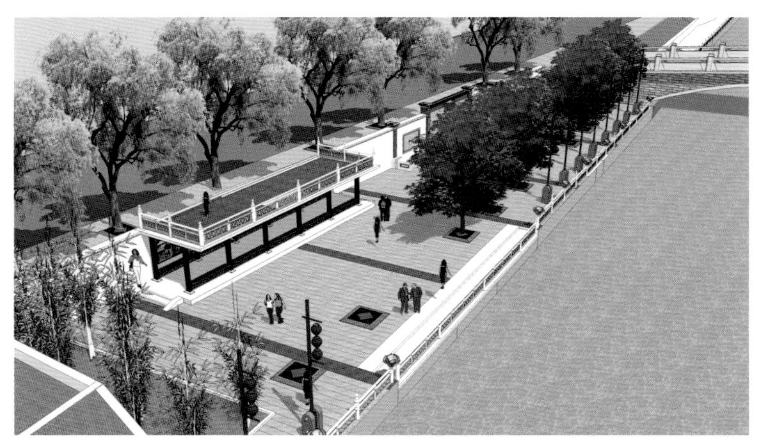

大观平渡节点效果

金代风格人行桥效果

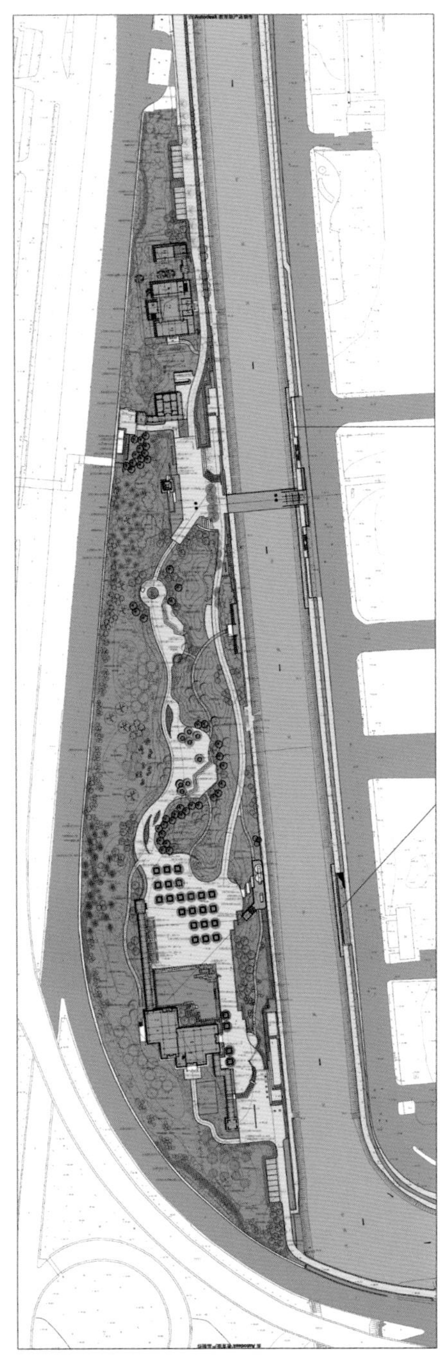

金中都公园实施平面图

标示牌设计

右安驿站立面效果

宣阳台效果图

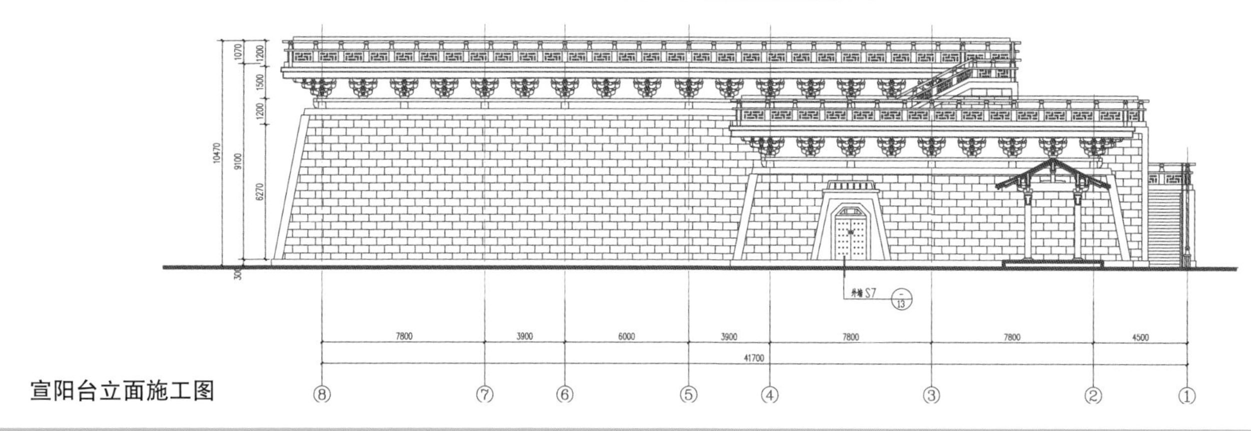

宣阳台立面施工图

立面图

源于场地精神表现不同风格的现代园林
开放的文化传承观，成为创新发展的原动力

北运河历史的长河，仿古建筑组织的空间

香山饭店，自然山水园风格

中国传统园林风格中医药文化园，中国传统园林风格

园林真实空间和实用性，形成的整体审美体验
园林设计师的个人风格应当服从于社会责任

通惠河 CBD 现代城市开放空间

奥林匹克森林公园五环廊

南馆中水利用，水文化园

自然生态空间，和谐的园林设施

圆明园遗址修复

海棠植物大景观

德胜公园传统与现代结合

人定湖公园，表现欧洲风格的自然风景园

犹抱琵琶半遮面的国家大剧院

奥林匹克花园的沿街景观

来福士商业区的现代城市景观

创新团队

1993.9–2013.9

后　记
Postscript

北京创新景观园林设计公司成立 20 年以来，设计了数百项各种类型的景观园林项目，我们从中选择了不同时期、不同类型的代表作品 39 项。其他大量的优秀的设计项目没能收录，是受篇幅和容量所限。

我们试图从这样的角度，来反观中国景观园林在半个多世纪里嬗变与生长的轨迹，以期总结我们既往的教训与经验，并为有志于中国现代园林事业的人们提供一些可资借鉴的参考。

一项好的园林作品，一定是主要设计师的个人智慧和设计团队集体智慧与劳动的共同结晶。为此，我们感谢那些不曾署名的设计参与者，包括项目建设方、前期策划、后期制作以及其他辅助人员。

我们由衷感谢项目建设方对我们的信任和选择，使我们设计师的才华得以展现，梦想得以实现。

我们还要感谢项目施工方对设计进行的成功再创造，感谢后继管理者的长年维护，是他们的辛勤工作赋予了设计作品以鲜活的生命并得以保持活力。

这部设计图文集，使用了大量的图片，其中绝大多数是我们设计人员拍摄的，还有一部分是通州区园林绿化局、延庆县园林绿化局和东城区政府提供的，在此表示深深的感谢。另外，目前尚有个别图片，未能与摄影创作者对应，如能得到确认，可与编者或出版社联系，领取相应稿酬，在此我们也深深地感谢这些图片的摄影者。

我们特别向中国建筑工业出版社以及为本书出版而付出辛勤劳动的所有人员致以谢意！

编者

2013 年 7 月